装修材料选用
从入门到精通

理想·宅 编

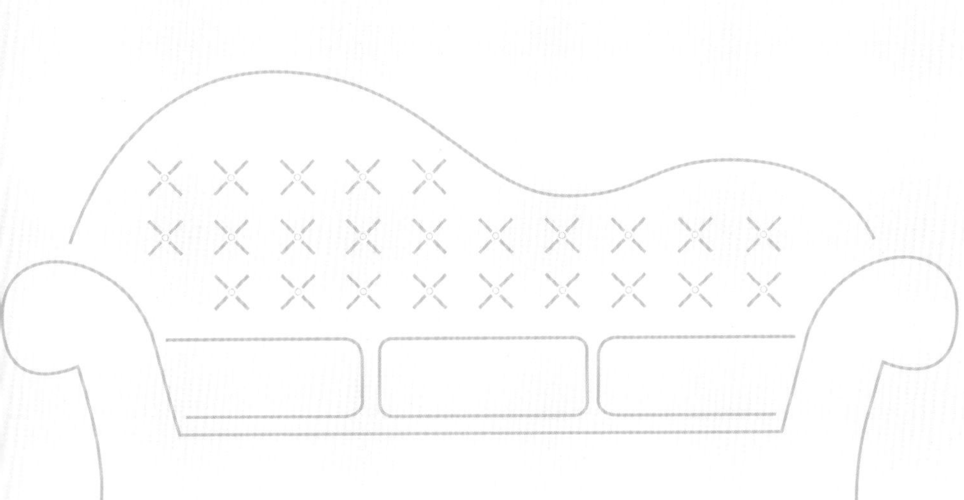

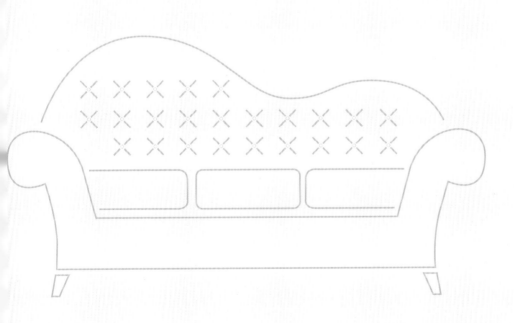

中国电力出版社
CHINA ELECTRIC POWER PRESS

内 容 提 要

本书对家居装修材料进行了全面系统的整合，通过清晰明了的条理、深入浅出的文字、丰富实用的内容，快速而专业地展现了家居材料不同方面的要点。我们将此书分为 7 章，细分了 150 多个装修材料品种，简单扼要地讲解了每种材料的特性、识别、选购、应用等问题。本书使用大量实景家居图片进行清晰解读，将装修材料的特点和搭配方法，通过简洁、快速的剖析，帮助读者更全面深入地了解装修材料。

图书在版编目（CIP）数据

装修材料选用.从入门到精通 / 理想·宅编.—
北京：中国电力出版社，2018.6
ISBN 978-7-5198-1923-1

Ⅰ.①装… Ⅱ.①理… Ⅲ.①建筑材料－装饰材料－
基本知识 Ⅳ.①TU56

中国版本图书馆 CIP 数据核字（2018）第 068710 号

出版发行：中国电力出版社
地　　址：北京市东城区北京站西街 19 号（邮政编码 100005）
网　　址：http://www.cepp.sgcc.com.cn
责任编辑：曹　巍（010-63412609）
责任校对：马　宁
责任印制：杨晓东

印　　刷：北京盛通印刷股份有限公司
版　　次：2018 年 6 月第一版
印　　次：2018 年 6 月第一次印刷
开　　本：710 毫米 ×1000 毫米　1/16
印　　张：11
字　　数：262 千字
定　　价：68.00 元

目 录

CONTENTS

第一章

▼

基础材料

居室装修的第一步往往少不了基础装修。所以在装修过程中，前期选择好正确的装修基础材料是完成居室装修的首要条件。本章我们将介绍 4 种装修基础材料，讲解它们的功能与作用，通过简明扼要的分类展现，帮助装修者正确地选择合适的材料。

1. 水泥的常见分类及选购技巧。
2. 龙骨的常见分类及选购技巧。
3. 砂石的常见分类及选购技巧。
4. 其他辅材的常见分类及选购技巧。

水泥

一、了解水泥及其分类

水泥是一种粉状水硬性无机胶凝材料。加水搅拌后呈浆体，能在空气中硬化或者在水中更好地硬化，并能把砂、石等材料牢固地胶结在一起。水泥存放时要注意放在阴凉干燥的地方，存放地面不要有尘垢、油腻、酸碱等物质，以免水泥发生性变。

常见水泥一览表

种类		性能特点	参考价格
普通水泥		1. 强度高，抗冻性好 2. 干缩小，耐磨性较好 3. 水化热大，抗碳化性较高 4. 初凝时间大于 45min，终凝时间小于 6.5h	17~25 元 / 袋
白水泥	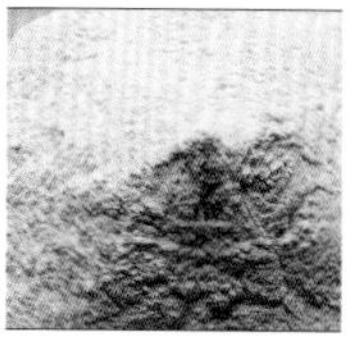	1. 强度不高，装饰性能强 2. 含铁量少，掺入适量石膏 3. 一般用于填补墙地砖、石材缝隙	25~50 元 / 袋
彩色水泥		1. 施工简单，容易维修 2. 造型方便，价格便宜 3. 一般用于装饰构造表面	50~80 元 / 袋

二、选购技巧

1. 摸手感

用手握捏水泥粉末应有冰凉感，粉末较重且比较细腻，不应该出现各种不规则的杂质或结块。

2. 看外观

观察包装标识是否清晰、齐全，复膜编织袋是否完好无损；另外水泥一般呈蓝灰色，颜色过深或过浅，有可能掺杂了其他杂质。

3. 注意出厂日期

水泥出厂 1 个月后强度会下降，出厂 3 个月后强度会下降 15%~25%，存储 6 个月以上的水泥不宜购买。

4. 询问配料

听商家介绍关于水泥的配料，从而来推断水泥的品质。国内一些小水泥厂为了进行低价销售，违反水泥标准规定，过多地使用水泥混合材料，没有严格按照国家标准进行原料配比，会严重影响水泥质量。

TIPS

施工小贴士

（1）在家装中，要严格按照要求来搭配砂的比例，如砌砖墙可以选用 1:2.5~1:3 水泥砂浆；如墙面瓷砖铺贴，可以用 1:1 水泥砂浆。

（2）一般情况下施工中为方便浇捣，常把水泥拌得很稀。由于水化所需要的水分仅为水泥重量的 20% 左右，多余的水分蒸发后便会在水泥中留下很多孔隙，这些孔隙会使水泥强度降低。因此在保障浇筑密实的前提下，应最大限度地减少拌和用水。

三、搭配方法

方法 1

水泥地凸显粗犷个性风格

不加修饰的水泥地面和墙面使居室增添了随性感和冷峻感，搭配金属家具更能体现居室的硬朗、粗犷。

↑灰色水泥地面、墙面更能表现工业风格的粗犷感

方法 2

水泥粉光地提升空间时尚感

质朴的施工痕迹和原始色泽，深具个性时尚之美，能打造出新旧交融的现代风格空间。

↑水泥粉光地干净朴素但不乏艺术感

龙骨

一、了解龙骨及其分类

龙骨是指用于家装的基础构造中的重要骨架，它能塑造构造形体，支撑外表装饰材料，是连接饰面型材与建筑结构的重要材料。

常见龙骨一览表

种类		性能特点	参考价格
木龙骨	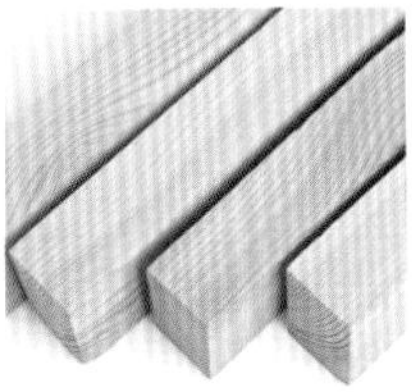	1. 容易造型，握钉力强，易于安装 2. 易受虫蛀，需要做防火、防潮处理 3. 价格实惠，施工简单 4. 适用于小面积吊顶或不平整吊顶安装	30mm × 40mm 4~8 元 / 根
轻钢龙骨		1. 强度高、不易变形 2. 耐火、耐腐蚀性好 3. 安装简易、实用性强 4. 适用于面积较大或较平整的吊顶、隔墙基础	50mm 5~8 元 /m 75mm 8~10 元 /m
铝合金龙骨	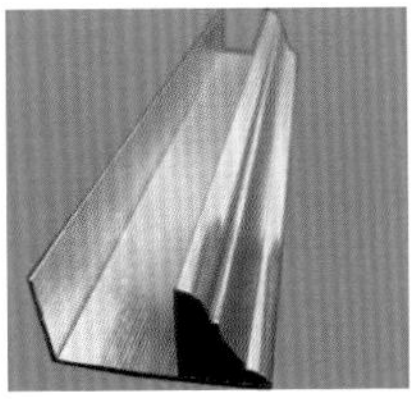	1. 规格、款式多样 2. 质地较轻，强度适中 3. 表面色彩丰富，装饰性强 4. 适用于易受潮的厨房、卫生间等区域	28mm 8~15 元 /m
烤漆龙骨	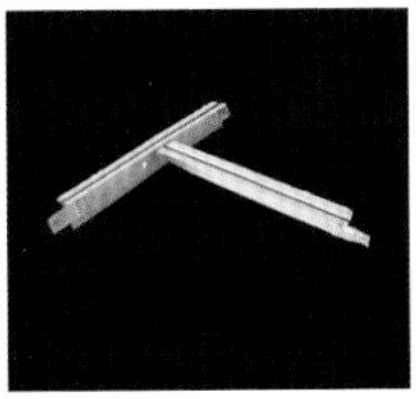	1. 表面做过烤漆 2. 色彩多样 3. 表面彩色涂层质地较软 4. 适用于外露的吊顶构造	32mm 6~8 元 /m

二、选购技巧

1. 看表面

选购龙骨时，要观察表面是否平整、清晰，内外质地是否一致，以及表面的纹路或图案是否清晰。

2. 查工艺

木龙骨应该检查其含水率，一般不能超过当地平均含水率；为防止生锈，轻钢龙骨和铝合金龙骨两面应镀锌，选择时应挑选镀锌层无脱落，无麻点的。

3. 观察切面

龙骨的横切面头尾要光滑均匀，不能大小不一；棱角应清晰，切口不能有影响使用的毛刺与变形。

4. 看数据

轻钢龙骨表面应镀锌防锈，其双面镀锌量优等品不小于 $120g/m^2$。

TIPS

施工小贴士

（1）由于龙骨大多是整捆购买，除了在购买时要逐根检查，并且还要预先做好精确计算。剩余的龙骨材料可以用于其他家具构造，材料不足时应该避免使用其他规格和型材的龙骨代替。

（2）木龙骨作为吊顶和隔墙时，需要在其表面再刷上防火涂料；做实木地板龙骨时，则最好进行防霉处理，因为木龙骨比实木地板更容易腐烂，腐烂后产生的霉菌会使居室产生异味，并影响实木地板的使用寿命。

三、搭配方法

方法1

轻钢龙骨吊顶不易开裂变形

轻钢龙骨具有自重轻、刚度大、防火防潮的特点，轻钢龙骨制造的隔墙、吊顶，十分坚固，不易开裂变形。

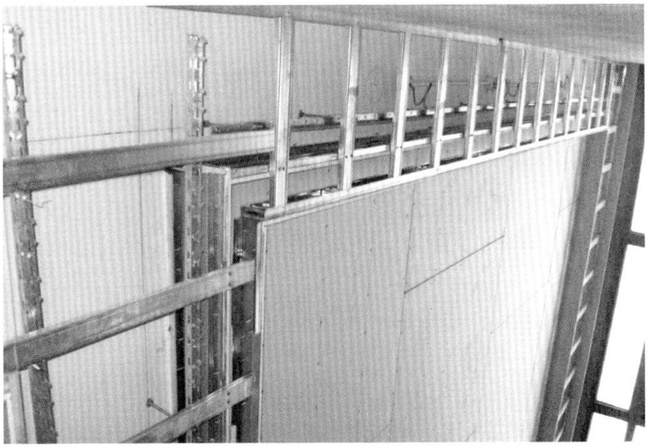

↑轻钢龙骨吊顶强度高，不容易变形

方法2

木龙骨吊顶造型丰富

相对于轻钢龙骨，木龙骨由于质地较轻，安装过程中可随意切割，所以适合制作多种造型。

↑木龙骨可以在不平整顶面安装吊顶

砂石

一、了解砂石及其分类

砂石主要指砂粒和碎石的松散混合物，这些也是水泥、混凝土调配的重要配料。具有一定形态的卵石、岩石也具有装饰性，可以直接用于砌筑构造或铺装。

常见砂石一览表

种类		性能特点	参考价格
河砂		1. 质量稳定 2. 源于自然，无须特殊加工 3. 生产成本低 4. 在家居装修中所占比例较大	50~200 元 /m³
砌体石		1. 较易取材 2. 抗压强度较好 3. 主要用于墙体砌筑	市场定价不统一
鹅卵石		1. 表面光滑圆润 2. 质地较好，色彩丰富 3. 一般用于家居地面铺装或局部铺装点缀	25~50mm 3~4 元 /kg
砂砾石		1. 颗粒状、无粘性 2. 破碎后使用容易产生锁结作用	100~180 元 /m³

二、选购技巧

1. 要有出厂质量合格证和试验单

砂石要有出厂质量合格证和试验单。要注意出厂质量合格证和试验报告单应与实物之间物证相符。

2. 观察外观色彩

避免将海砂当作河砂购买，仔细观察外观和色彩，呈土黄色的为河砂，呈土灰色的为海砂，并且海砂中会存在贝壳、海螺等。

3. 注意加工外观

砌体石根据加工外形可分为料石和毛石，料石表面应较完整，不能有裂纹；毛石不宜选择花色斑纹较多的。

4. 根据用途选择

表面特别光滑的黑白灰色鹅卵石适合零散铺撒；彩花系列鹅卵石表面不太光滑，适用于镶嵌铺装。

TIPS

施工小贴士

（1）在现代装修中，一般只用河砂，尽量不要使用海砂，因为海砂容易腐蚀钢筋和水泥，容易造成墙面开裂、脱落。

（2）鹅卵石用于镶嵌铺贴时，表面不应太光滑，否则与水泥砂浆的结合度不高，会导致在使用过程中鹅卵石脱落。

三、搭配方法

方法

鹅卵石装饰居室地面

居室地面以鹅卵石进行铺设或铺撒，用圆润晶莹又充满自然色泽的鹅卵石装点单调的地面，能使居室充满独特悠闲的气息。

←大理石砖周围以白色鹅卵石零散铺撒，独特又别具风味

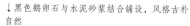

↓黑色鹅卵石与水泥砂浆结合铺设，风格古朴自然

其他辅材

一、了解其他辅材及其分类

其他辅材虽然只是用于辅助工具且用量不大，但种类比较杂乱，价格与质量差异性较大。所以在选购时要注意辨别材质优劣，才能保证装修的质量。

常见其他辅材一览表

种类		性能特点	参考价格
网格布		1. 质量轻、强度高 2. 防水抗裂，耐碱性好 3. 规格和硬度选择多样 4. 一般用于墙体翻新或内墙保温、墙体边角铺贴	20~60 元 / 卷
砂纸		1. 有多种细度可供选择 2. 生产效率高 3. 用于打磨、抛光金属、木材等表面，以使其光洁平滑	0.5~2 元 / 张
切割片	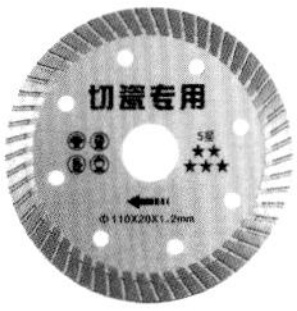	1. 具有高抗拉、抗冲击和抗弯强度 2. 具有高切割效率和低经济效果 3. 用于切割普通钢材、不锈钢金属和非金属材质的薄片	100mm 10~20 元 / 片
钻头	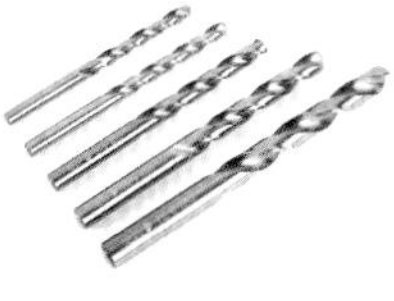	1. 质地坚硬、有很强的耐磨性 2. 磨损率高，需常更换 3. 多用于在实体材料上钻削出通孔或盲孔	5mm 1~5 元 / 支

二、选购技巧

1. 选择正规大品牌

为了保证其他辅材的质量，建议选择正规品牌的厂家。大型厂家的生产设施比较有保证，所用制作材料比较正规，生产出来的辅材质量才能过硬。

2. 检查包装

确定购买的辅材外是否包装完整，辅材包装多为全封闭的包装，以避免出现破坏和磨损。

3. 看手感

优质的砂纸触摸起来会有明显轻微的刺痛感，并且带有一定的静电；质量好的切割片质地浑厚，边缘不易变形；优质的钻头触感坚固并会涂有油脂来防锈。

4. 识别材质

选购网格布时，要区分塑料网格布。可以用打火机点燃网格布，不会自燃的即为玻璃纤维产品。

TIPS

施工小贴士

（1）如果业主想要亲自装修或维修居室，那么对于体量较大的工具如切割机、电钻等可以尝试门店租赁的方式。

（2）手动工具价格普遍不高，但普通产品与品牌产品的差价很大，选购时应尽量选择质量较好的产品，避免装修过程中出现工具损坏，造成人身伤害。

第二章

顶面材料

家装吊顶是家装中常见的环节，越来越多的人开始注重吊顶的装饰。但好的造型需要依靠材料才能够实现，如何选择正确合适的顶面材料就成为本章重点讲解的内容，通过对常见的 5 种顶面材料进行对比归纳，能帮助装修者更深入地了解不同顶面材料之间的异同。

学习要点

1. 常见板材：石膏板、硅酸钙板、pvc扣板、铝扣板的分类及选购技巧。

2. 石膏装饰线的常见分类及选购技巧。

石膏板

一、了解石膏板及其分类

石膏板是以建筑石膏为主要原料制成的一种建筑板材。它是一种重量轻、强度较高、厚度较薄、加工方便以及隔音绝热和防火等性能较好的建筑材料，是当前建筑行业着重发展的新型轻质板材之一。

常见石膏板一览表

种类		性能特点	参考价格
纸面石膏板		1. 质量轻，可加工性强 2. 隔声隔热 3. 施工方法简便 4. 适用于无特殊要求的场所（连续相对湿度不超过 65%）	20~40 元 / 张
穿孔石膏板		1. 具有吸声功能 2. 美观环保，便于清洁和保养 3. 主要用于干燥环境中吊顶造型的制作	55~80 元 / 张
浮雕石膏板		1. 经过压花处理，可装饰性强 2. 花纹可自由定制 3. 适用于欧式和中式家居中的吊顶	35 ~150 元 / ㎡

续表

种类		性能特点	参考价格
纤维石膏板		1. 外表省去了护面纸板 2. 具有钉性，可挂东西 3. 可做干墙板、墙衬、隔墙板、瓦片及砖的背板	30~50 元 / 张

二、选购技巧

1. 看纸面

优质纸面石膏板的纸面轻且薄，强度高，表面光滑没有污渍，韧性好。

2. 看石膏芯

高纯度的石膏芯主料为纯石膏，从外观看，好的石膏芯颜色发白，而劣质的石膏芯颜色发黄，色泽暗淡。

3. 看纸面黏结

用壁纸刀在石膏板的表面画一个“×”，在交叉的地方撕开表面，优质的石膏板纸层不会脱离石膏芯，而劣质石膏板的纸层可以轻易撕下来，使石膏芯暴露在外。

4. 看检测报告

看检测报告是委托检验还是抽样检测。委托检验的石膏板并不能保证全部板材的质量都是合格的。而抽样检验是指不定期地对产品进行抽样检测，产品质量更有保证。

TIPS

施工小贴士

（1）在铺设石膏板时，面层拼缝要留 3mm 的缝隙，且要做双边坡口，不要做垂直切口，这样可以为板材的伸缩留下余地，避免变形、开裂。

（2）安装纸面石膏板时应用木支撑做临时支撑，并使板与骨架压紧，待螺钉固定完，才可撤出支撑。

三、搭配方法

方法1

井格式石膏板吊顶令美式风格更显大气利落

石膏板以单层或多种装饰线条制成的井格式吊顶，层次丰富；清晰硬朗的线条尽显美式风格的简洁与大气。

↑井格式吊顶既彰显气派又不喧宾夺主

方法2

浮雕石膏板吊顶营造优雅富丽的居室氛围

精致的压花图案，丰富了顶面空间，使空间更具有立体感；复杂优雅的线条吊顶给居室带来富丽大气的复古风情。

↑法式风情餐厅顶面搭配精美浪漫的浮雕石膏板吊顶，更显精致奢华

硅酸钙板

一、了解硅酸钙板及其分类

硅酸钙板是一种由硅质材料（如石英粉、粉煤灰、硅藻土等）、钙质材料（如石灰、电石泥、水泥等）、增强纤维材料、助剂等按一定比例混合，经过一定的工序制成的一种新型的无机建筑材料。硅酸钙板在外观上保留了石膏板的美观，并具有良好的可加工性和不燃性，所以被广泛地应用于吊顶和非承重的墙体等处。

1. 保温用硅酸钙板

保温用硅酸钙板即为微孔硅酸钙，是一种白色、硬质的新型保温材料，具有容重轻、强度高、导热系数小、耐高温、耐腐蚀、能切、能锯等特点。

↑平面硅酸钙板

2. 装修用硅酸钙板

装修用硅酸钙板是经高温高压蒸养、干燥处理生产的一种装饰板材，具有质量轻、防火、防霉、防潮、隔音、隔热、不变形、不易破裂的优良特性。

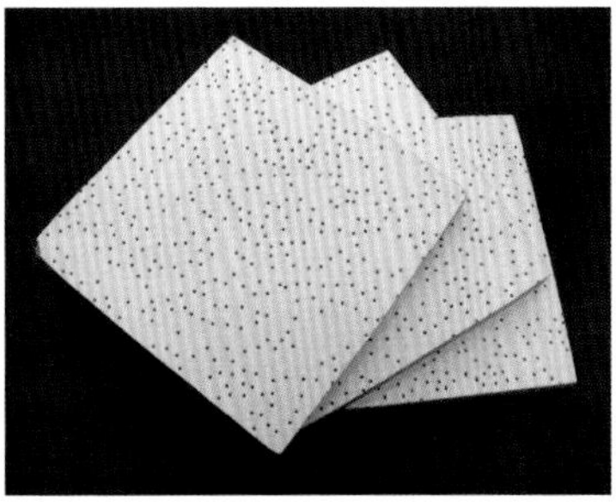
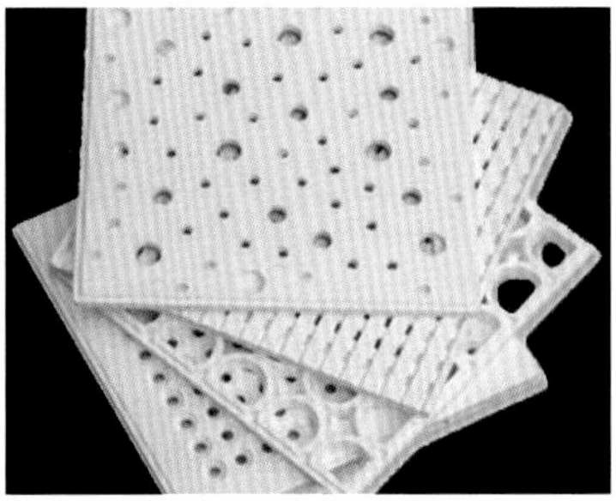

↑穿孔硅酸钙板

二、选购技巧

1. 看产品是否环保

要注意看产品是否符合 GB 6566—2010《建筑材料放射性核素限量》标准规定的 A 类装修材料要求。

2. 注意是否含有石棉

在选购时，要注意看材质说明，一些含石棉等有害物质的产品会损害居住者的身体健康。

3. 关注售后服务

售后服务是体现产品质量的关键环节之一。优秀的生产商会将客户使用过程中可能遇到的问题考虑周全，制订相关售后服务，彻底解决使用者的后顾之忧。

4. 不要贪图便宜

有些低价出售的板材有可能是粗制滥造或生产不达标的产品。因此最好到正规市场的授权经销商处购买，其进货渠道、产品质量和销售服务均有保障。

TIPS

施工小贴士

（1）硅酸钙板在施工时会有钉制的痕迹，可以在外层上涂一层墙面漆或覆盖装饰面板、壁纸等。

（2）施工时在板材之间可保留 0.2~0.3cm 的间隙，避免日后热胀冷缩导致墙壁的变形。

（3）若用硅酸钙板做壁材，不宜在其上悬挂重物；但可以在背后钉制铁板，以此增加墙壁载重量。

三、搭配方法

方法1

各式造型的硅酸钙板美化家居空间

用硅酸钙板做顶面或墙面造型时，可在外层覆盖木板，不仅能美化、丰富空间，而且有隔音和防火的作用。

↑顶面与墙面使用硅酸钙板进行整体造型，能延伸视觉空间

方法2

可根据空间风格选择硅酸钙板造型

利用灯具搭配，将硅酸钙板设计成不同造型，不仅能突显居室风格，也丰富了空间层次。

↑利用硅酸钙板打造不规则灯具摆放位置，创意感十足

PVC 扣板

一、了解 PVC 扣板及其分类

PVC 扣板又称塑料扣板，是以聚氯乙烯树脂为基料，加入一定量助剂，经混炼、压延、真空吸塑等工艺而制成的。在生活中很多用品、器物都由 PVC 材料制作而成。

常见 PVC 扣板一览表

种类		性能特点	参考价格
木纹PVC扣板	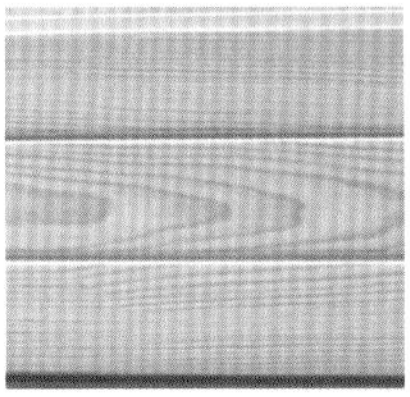	1. 仿木纹图案 2. 款式多样	20~35 元 /m²
印花PVC扣板		1. 装饰效果精美 2. 安装简便 3. 清洁方便	20~50 元 / m²
素色PVC扣板		1. 通常以白色为主 2. 质量轻 3. 防潮防水	15~25 元 / m²
双色PVC扣板		1. 色彩艳丽丰富 2. 装饰效果好	25~60 元 / m²

二、选购技巧

1. 看外观

外表要美观、平整，色彩图案要与装饰部位相协调。表面有光泽、无划痕。

2. 看横截面

PVC 扣板的截面为蜂巢状网眼结构，两边有加工成形的企口和凹榫，挑选时要注意企口和凹榫是否完整平直，互相咬合是否顺畅，局部是否有起伏和高度差现象。

3. 看韧性

用手折弯不变形，折叠自如，遇有一定压力不会下陷和变形。

4. 看性能指标

产品的性能指标应满足热收缩率＜0.3%、氧指数＞35%、软化温度80℃以上、燃点300℃以上、吸水率＜15%、吸湿率＞4%。

TIPS

施工小贴士

（1）预先计算好吊顶空间的安装尺寸，根据测量尺寸将板材裁切好后再运输到施工现场。

（2）安装时最后一块板应按照实际尺寸裁切，装入时稍作弯曲就可以插入上块板企口内，装完后两侧压条封口。

（3）若其中一块扣板发生损坏，则将一端的压条取下，将板逐块从压条中抽出更换。

（4）拆除扣板时，注意不要破坏吊顶龙骨；如果发现松动，则要先固定好。

三、搭配方法

方法1

轻便多样的 PVC 扣板带给居室整洁感

直线条素色的 PVC 扣板可以在现代风格、简欧风格或北欧风格厨房或浴室中使用，可以增加空间简洁感。

↑白色 PVC 扣板尽显北欧风格厨房的简洁朴素

方法2

双色 PVC 扣板为空间注入活力

双色 PVC 扣板装饰效果突出，可以满足不同风格的整体搭配，完成视觉上的和谐统一，其丰富的色彩变化又能使空间设计感十足。

→灰白双色扣板尽显轻松活泼，能有效减少天花板较低空间的压迫感

铝扣板

一、了解铝扣板及其分类

铝扣板又称铝合金扣板，是指将较单薄的铝合金板材裁切、冲压成型的室内吊顶板材。铝合金扣板主要用于家居装修中的厨房、卫生间、封闭阳台等空间的吊顶，也可以根据设计需要用于客厅、书房、卧室的局部吊顶。

常见铝扣板一览表

种类		性能特点	参考价格
滚涂板		1. 耐高温性能好 2. 不易变黄氧化 3. 不易变形	50~150 元 /m^2
拉丝板	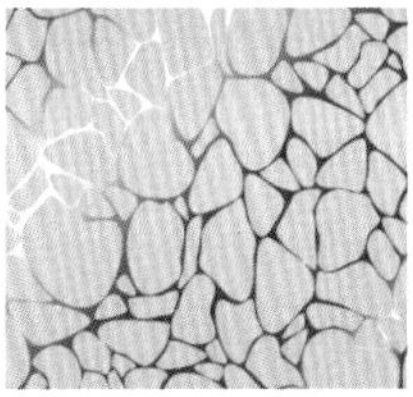	1. 具有金属拉丝效果 2. 装饰性较好 3. 防火防潮	80~200 元 / m^2
阳极氧化板		1. 尺寸精度高 2. 安装平整度高 3. 重量轻，强度高	60~95 元 / m^2
浮雕板		1. 自然反光性好 2. 排列美观 3. 使用寿命较长	≥ 120 元 / m^2

二、选购技巧

1. 看韧度

取一块样品反复掰折，劣质铝材折弯后不会恢复，优质铝材折弯后能迅速恢复原状。

2. 听声音

拿一块样品敲打几下，仔细倾听，声音脆的说明基材质量好，声音发闷说明基材质量差，杂质较多。

3. 看铝材质地

铝扣板质量好坏不全在于薄厚（家庭装修用厚度为 0.6mm 的板材已足够），而在于铝材质地。部分杂牌铝材表面多喷了一层涂料使厚度达标，可以使用砂纸打磨便可辨别。

4. 看覆膜

覆膜铝扣板和滚涂铝扣板表面不好区别，但价格却有很大差别。可用打火机将板面熏黑，覆膜板容易将黑渍擦去，而滚涂板无论怎么擦都会留下痕迹。

TIPS
施工小贴士

（1）厨房安装铝扣板吊顶，需先固定软管烟道后，再安装吊顶；卫浴间需要先安装浴霸和排风扇后才能安装吊顶。

（2）需提前明确灯具、浴霸等用具的尺寸和位置，以便确定吊灯开孔位置。

（3）切忌把排风扇、浴霸和灯具直接安装在扣板或龙骨上，建议直接加固在顶部，防止吊顶因负载过重而变形。

三、搭配方法

方法1

集成铝扣板吊顶功能化性更强

集成铝扣板吊顶，包括照明、换气都可合理排布，整体美观协调，搭配选择自由。

←吊顶板材与卫浴设备关联紧密，极具整体性，风格协调

方法2

厨房铝合金扣板强调实用性与美观性并重

厨房吊顶既要保证美观平整，也要不易沾染油烟，便于清洗，铝合金扣板则兼具实用性与美观性。

←印花铝合金扣板简单又不单调

石膏装饰线

一、了解石膏装饰线及其分类

石膏装饰线是现代家居装修中流行的装饰材料之一，主要成分为石膏与玻璃纤维，采取模具铸造而成。一般用于墙顶面转角修饰与吊顶材料缝隙掩盖。

表面花形丰富 质地较脆 防火防潮 价格实惠 隔音保温 便于加工裁切 装饰效果好

石膏装饰线材料特点

石膏装饰线表面的花形丰富，实用美观，价格低廉，具有防火、防潮、保温、隔音、隔热功能，并能起到豪华的装饰效果。现代生产中，可以加入颜料加工成各种色彩，如金色、蓝色、浅绿和褐色等，其具体花形也分为现代、古典、田园等多种风格。

常见石膏装饰线一览表

种类		性能特点	参考价格
素雅石膏装饰线		1. 能丰富简约风格居室的层次 2. 施工简单、方便 3. 适合用于墙顶面转角修饰或吊顶材料缝隙掩盖	15~20 元 /m
金线石膏装饰线		1. 造型更复杂，并带有金色漆涂装 2. 装饰效果华丽 3. 适合于法式风格、新古典风格等类型的居室	20~50 元 /m

二、选购技巧

1. 看图案花纹深浅

一般石膏线条产品图案花纹的凹凸应在 10mm 以上，整体厚度应大于 15mm。

2. 看表面光洁度

只有表面细腻、手感光滑的石膏线条产品安装刷漆后，才会有好的装饰效果。如果表面粗糙、不光滑，安装刷漆后就会给人一种粗制滥造之感。

3. 看石膏线价格高低

与优质石膏线条装饰产品的价格相比，低劣的石膏线产品的价格便宜 1/3~1/2。这一低廉价格虽对用户具有吸引力，但往往质量得不到保证，常在安装使用后便明显露出缺陷。

4. 看产品厚薄

石膏线条产品必须具有相应厚度，才能保证其分子间的亲和力达到最佳程度，从而保证一定的使用年限和在使用期内的完整、安全。如果石膏线条产品过薄，不仅使用年限短，而且影响安全。

TIPS

施工小贴士

（1）在每一处墙角安装前，须将角线里的雕花滑块裁出一个完整的花，刨去滑边，以便最后打钉处黏上盖合。

（2）施工时在板材之间可保留 0.2~0.3cm 的间隙，避免日后热胀冷缩造成墙壁的变形。

（3）线板的角与角之间要特别注意线与纹路是否吻合，做好密合工作。

三、搭配方法

方法1

可根据装修风格的不同选择石膏线条

简单素净的石膏线条营造清爽利落氛围；复杂多彩的石膏线条则营造华丽典雅氛围。

↑简洁竖直的石膏线条既能装饰顶面又不显得杂乱

方法2

古典造型石膏线条增添浪漫韵味

繁复精致的花纹造型搭配金色、褐色、蓝色、浅绿等多种色彩颜料，复古石膏线条令欧式风格居室更具浪漫与典雅风情。

↑浅绿色复古石膏纹路高贵典雅

第三章

墙面材料

墙面是家居装修的重点，墙面材料的选择丰富，常常让人眼花缭乱。本章节我们将学习 11 种常见墙面材料，通过归纳总结，深入了解各种材料之间的特性，从而加强对墙面装修材料的理解。

学习要点

1. 常见墙面砖石板：天然石材、人造石材、釉面砖、马赛克、木纹饰面板的分类及选购技巧。
2. 常见墙面涂料：乳胶漆、艺术涂料的分类及选购技巧。
3. 常见壁纸：pvc壁纸、无纺布壁纸的分类及选购技巧。
4. 常见玻璃：钢化玻璃、艺术玻璃的分类及选购技巧。

天然石材

一、了解天然石材及其分类

天然石材是指从天然岩体中开采出来的，并经加工成块状或板状材料的总称。天然石材具有独一无二的纹理，在日常使用中需要对其进行打蜡等护理。

常见天然石材一览表

种类		性能特点	参考价格
大理石	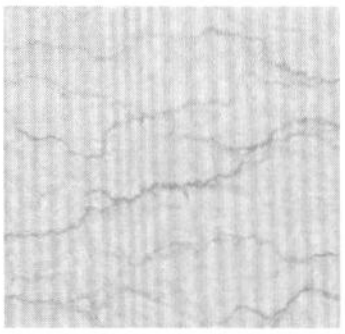	1. 质感华丽，纹路自然 2. 硬度高，耐磨性强 3. 保养简单，不容易出现划痕 4. 深色系大理石用于卫浴间不易变色	140~600 元 /m^2
花岗石		1. 品种多样，颜色丰富 2. 质地坚硬，不易风化 3. 有独特耐温性 4. 极其耐用	200~1200 元 /m^2
板岩		1. 表面粗糙，持久耐用 2. 功能多样，造型美观 3. 颜色丰富 4. 适用于浴室间，但不适用于厨房	100~150 元 /m^2

续表

种类		性能特点	参考价格
砂岩		1. 颗粒细腻，质地较软 2. 品种非常多 3. 吸潮、不易破损	70~600 元 /m^2

二、选购技巧

1. 看光泽度

优质大理石的抛光面应具有镜面一样的光泽；磨光花岗岩表面光亮，光泽度要求达 90° 以上。

2. 听声音

用硬币敲击石材，声音较清脆的表示硬度高，内部密度也高；若是声音沉闷，就表示硬度低或内部有裂痕，品质较差。

3. 看纹理

纹路均匀的石材具有细腻的质感，粗粒及不等粒结构的石材其外观效果较差，力学性能也不均匀，质量稍差。

TIPS

施工小贴士

（1）大理石在安装前的防护一般可分为三种：6 个面都浸泡防护药水；处理 5 个面，底层不处理；只处理表面。三种方式价格不同，可根据实际情况选择。

（2）花岗岩在室内施工多采用水泥砂浆施工，若用于卫浴等较潮湿的空间，建议在结构层先进行防水处理。

（3）天然板岩的细孔容易吸收水汽油烟且不易挥发，所以不建议在厨房使用，如果一定要用的话可以选择黑色款式，耐脏且不影响美观。

三、搭配方法

方法1

无色系大理石为现代风格增添时尚感

无色系大理石表面光滑、纹理自然，可以轻易地凸显现代风格个性、时尚的特点，其较高的光泽度会令空间更加明亮。

↑白色大理石提升餐厅现代感

↑大理石墙面与金色灯具相呼应，塑造典雅气息

方法2

花岗岩背景墙提升居室古典韵味

拥有古朴自然的颗粒状外观、细腻纹路的花岗石作为电视背景墙局部点缀居室，更能增添古典韵味，令家居环境风雅大方。

↑黄金色的黄岗岩背景墙气质古朴优雅

方法3

天然石材墙饰气质独特

天然石材经常被使用在电视背景墙上，其独特天然的纹路能丰富视觉空间，搭配灯具照明，更能展现不一样的客厅一角。

→木质与天然石材混合搭配，透露出浓浓的中式韵味

人造石材

一、了解人造石材及其分类

人造石材是在天然石材的基础上发展而来，多为天然石材的多余边角料加工而成，成本较低，花色品种多样。

常见人造石材一览表

种类		性能特点	参考价格
文化石		1. 板材厚实 2. 花色品种多样 3. 规格多样，价格低廉 4. 适用于背景墙铺装	50~120 元 /m²
聚酯型人造石	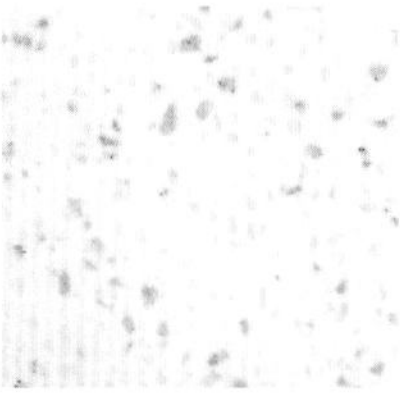	1. 质地平和，表面光滑 2. 硬度不高，加工简单 3. 适合墙面局部点缀、台柜铺装	220~330 元 /m²
微晶石	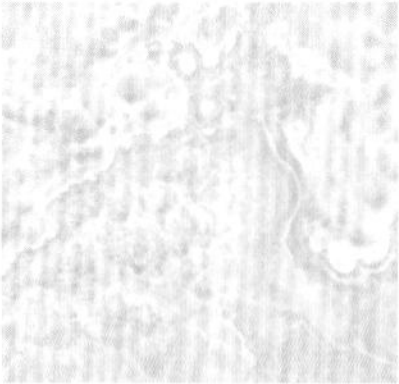	1. 密度较大 2. 表面平滑光洁 3. 坚固耐用	400~1000 元 /m²
树脂型人造石		1. 产品光泽度高、颜色鲜艳丰富 2. 可加工性强 3. 黏度低，易于成型	100~420 元 /m²

二、选购技巧

1. 看外表

看样品颜色是否清透不混浊，通透性好，表面无类似塑料的胶质感，板材反面无细小气孔。

2. 看材质

通常纯亚克力的人造石性能更佳，纯亚克力人造石在 120℃左右可以热弯变形而不会破裂。

3. 测手感

手摸人造石样品表面有丝绸感、无涩感，无明显高低不平感。用指甲划人造石材的表面，应无明显划痕。

4. 闻气味

无刺鼻化学气味，亚克力含量越高的人造石材气味越淡。

TIPS

施工小贴士

（1）在施工前，基底层应结实、平整、无空鼓，基面上应无积水、油污、浮尘、脱模剂，结构无裂缝和收缩缝。

（2）在铺设人造石时需要注意留缝，缝隙的宽度至少要达到 2mm，为材料的热胀冷缩预留空间，避免起鼓、变形。

（3）人造石材吸水率低，热膨胀系数大，施工时注意使用专业的人造石胶粘剂代替水泥砂浆施工，避免出现水斑、变色等问题。

三、搭配方法

方法 1

人造石材装点卫浴墙面

人造石表面平滑，不透水，应用于卫浴间墙面，方便清理又坚固耐用；花色丰富多样，可根据卫浴风格自由选择，其特殊质地使空间充满整洁光亮之感。

←灰白人造石材低调、谦和且方便打理

←人造石材墙面与壁纸结合，呈现别样趣味的卫浴空间

方法2

人造石材打造个性化空间

人造石具有丰富的表现力和塑造力，无论是凝重沉稳的朴素风格，还是简洁时尚的现代风格，人造石都能很好地适应。

↑深色人造石材背景墙搭配木质板材，沉稳又现代

↑文化砖背景墙令卧室更具有视觉冲击力

釉面砖

一、了解釉面砖及其分类

釉面砖是砖的表面经过施釉高温高压烧制处理的瓷砖，釉面砖表面可以做各种图案和花纹，比抛光砖色彩和图案更为丰富，但因为表面是釉料，所以耐磨性不如抛光砖。

便于加工裁切

韧度好

吸水性较好

防渗耐脏

釉面砖材料特点

釉面砖是装修中最常见的砖种，其色彩图案丰富、防渗、韧度好，基本不会发生断裂现象。根据光泽的不同，釉面砖又可以分为亮光釉面砖和亚光釉面砖两类。由于釉面砖的表面是釉料，所以耐磨性不如抛光砖，釉面砖主要用于室内的厨房、卫浴等墙面。

二、选购技巧

1. 观察反光成像

灯光或物体经釉面反射后的图像，应比普通瓷砖成像更完整、清晰。

2. 看防滑性

将釉面地砖表面湿水后进行行走实验，能有可靠的防滑感觉。

3. 看规格

好的釉面砖每一块的误差应不大于 1mm，这样铺设后砖缝才能宽窄均匀。

4. 看剖面

好的釉面砖剖面光滑平整，无毛糙，且通体一色，无黑心现象。

TIPS
施工小贴士

（1）施工前要充分浸水 3~5h，浸水不足容易导致瓷砖吸走水泥浆中的水分，从而使产品黏结不牢。

（2）砖与砖之间应留有 2mm 的缝隙，以减弱瓷砖热胀冷缩所产生的应力。若采用错位铺贴的方式，需注意在原来留缝的基础上再多留 1mm。

（3）铺贴时水泥强度不能高于 4.0MPa（相当于 42.5 级水泥），以免拉破釉面，产生崩瓷。

三、搭配方法

方法1

亚光釉面砖更适用于卫浴间

亚光釉面砖色彩淡雅，防污能力强，非常适合用于卫浴间的墙面铺设。

↑卫浴间使用亚光釉面砖既干净又方便清洗

方法2

亮光釉面砖更显时尚气质

亮光釉面砖搭配多种色彩，不仅能突出鲜明个性，而且也能成为居室搭配亮点之一。

→绿色亮光釉面砖时尚洋气

方法3

釉面墙砖与地砖结合设计

在厨房或卫浴空间，釉面墙砖和地砖常常相结合使用，其尺寸虽不同，但纹理和色彩基本一致。

↑两种规格釉面砖，通过不同铺设方式打破单调感

↑蓝色不同规格釉面砖搭配米色釉面砖，整体协调又不失设计感

马赛克

一、了解马赛克及其分类

马赛克又称锦砖或纸皮砖，是指建筑上用于拼成各种装饰图案用的片状小瓷砖。一般款式多样，装饰效果突出。

常见马赛克一览表

种类		性能特点	参考价格
贝壳马赛克		1. 防水性好，硬度低 2. 种类不同色泽亦不同 3. 纹路及花纹无规律 4. 天然、美观	300~800 元 /m^2
夜光马赛克		1. 可在夜晚时发光 2. 可根据喜好拼接成各种形状 3. 能够营造特殊氛围 4. 常见蓝色和黄色	500~1000 元 / m^2
陶瓷马赛克		1. 工艺相对古老、传统 2. 形态玲珑、色彩多变 3. 款式复古典雅	50~350 元 / m^2
玻璃马赛克		1. 耐酸碱、耐腐蚀、不褪色 2. 组合变化的可能性多 3. 适合装饰卫浴间墙面	30~400 元 / m^2

二、选购技巧

1. 看表面

在自然光线下，目测有无裂纹、疵点及缺边、缺角现象；如内含装饰物，其分布面积应占总面积的20%以上，且分布均匀。

2. 检查脱水

将马赛克放平，铺贴纸向上，用水浸透后放置40min，捏住铺贴纸的一角，能将纸揭下，即符合标准要求。

3. 检验牢固性

用两手捏住两角，直立然后放平，反复三次，以不掉砖为合格。

4. 看颗粒大小

选购时要注意颗粒之间是否同等规格、大小一样，每小颗粒边沿是否整齐，单片马赛克背面是否有过厚的乳胶层。

5. 测密度

将水滴到马赛克背面，水滴不渗透的表示密度高、吸水率低，品质较好。

TIPS

施工小贴士

（1）施工时要确定施工面平整且干净，打上基准线后，再将水泥（白水泥）或胶黏剂均匀涂抹于施工面上。

（2）注意每贴完一张即用木条将马赛克压平，确定每处均压实且与胶黏剂充分结合，每张之间应留有适当的空隙。

三、搭配方法

方法1

马赛克提升卫浴空间的视觉效果

马赛克造型、色彩多样，在装饰中能充分展现出艺术的优美。尤其是用在卫浴空间的墙面中，可以迅速提升空间的整体视觉效果。

←多色玻璃马赛克装饰浴缸，个性又新颖

↓大面积的黑色金属马赛克墙面令空间产生一种神秘特别的意境

方法 2

局部铺装马赛克点亮居室环境

居室空间感觉过于沉闷，可以选择在局部墙面或台面上铺装马赛克，不仅可以打破居室单一感，同时也能突出空间设计感。

←卫浴墙面局部使用黑色马赛克，增添现代感与时尚感

←卧室局部墙面铺贴个性造型马赛克，设计感十足

木纹饰面板

一、了解木纹饰面板及其分类

它是将天然木材或科技木刨切成一定厚度的薄片，黏附于胶合板表面，然后热压而成的一种用于室内装修或家具制造的表面材料。

常见木纹饰面板一览表

种类		性能特点	参考价格
榉木		1. 纹理细而直或带有均匀点状 2. 木质坚硬、强韧 3. 干燥后不易翘裂 4. 透明漆涂装效果颇佳	85~290 元 / 张
水曲柳		1. 一般呈黄白色 2. 结构细腻，纹理直而较粗 3. 胀缩率小，耐磨抗冲击性好	70~320 元 / 张
胡桃木		1. 色泽深沉稳重 2. 涂刷次数要比其他木饰面板多 1~2 道 3. 透明漆涂装后纹理更加美观	105~450 元 / 张
樱桃木		1. 纹理细腻、清晰 2. 抛光性好，涂装效果好 3. 颜色由艳红色至棕红色，边材呈奶白色	85~320 元 / 张

续表

种类		性能特点	参考价格
柚木		1. 纹理线条优美，含有金丝 2. 质地坚硬，细密耐久 3. 耐磨耐腐蚀，不易变形 4. 是所有木材中胀缩率最小的一种	110~280 元 / 张
枫木		1. 花纹呈明显的水波纹，或呈细条纹 2. 色泽淡雅均匀 3. 硬度较高，胀缩率高，强度低 4. 适用于各种风格的室内装饰	360 元 / 张
橡木		1. 花纹类似于水曲柳，但有明显的针状或点状纹理 2. 纹理活泼、变化多 3. 质地坚实，使用年限长 4. 档次较高	110~580 元 / 张
沙比利		1. 结构细密均匀 2. 强度较高，耐腐 3. 生长轮细腻不明显，光泽度高	70~430 元 / 张
花梨木	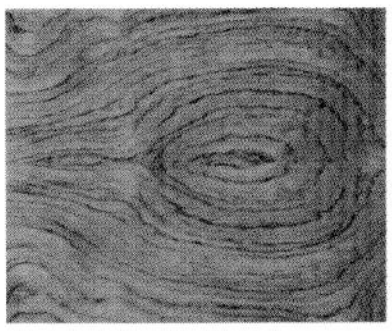	1. 质地略疏松，纹理致密 2. 颜色黄中泛白 3. 非常适合用在中式风格的居室内	120~360 元 / 张
酸枝木	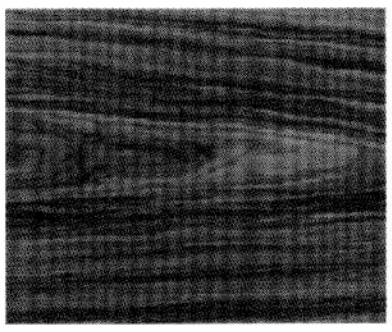	1. 结构细密，手感光滑 2. 在光照下有光泽 3. 条纹既清晰又富有变化	130~580 元 / 张
影木		1. 纹理十分有特点，结构细致且均匀 2.90°对拼时的花纹美丽独特 3. 强度高	110~280 元 / 张

二、选购技巧

1. 观察贴面

看贴面（表皮）的厚薄程度，贴面越厚性能越好、油漆后实木感越真、纹理也越清晰、色泽也越鲜明。

2. 看纹理

天然木质花纹，纹理图案自然变异性比较大、无规则。

3. 看胶层

应无透胶现象和板面污染现象；无开胶现象，胶层结构稳定。要注意表面单板与基材之间、基材内部各层之间不能出现鼓包、分层现象。

4. 闻味道

气味越大，说明污染物释放量越高，污染越厉害，危害性越大。

TIPS

施工小贴士

（1）注意贴边皮的收缩问题，宜选用较厚的饰面板，在不影响施工的情况下，用较厚的皮板或较薄的夹板底板，避免产生变形。

（2）施工时要注意纹路的方向要一致，避免拼凑的情况发生，影响美观。

三、搭配方法

方法1

橡木饰面板展现居室质感

直纹橡木饰面板质地坚实，但有良好的质感。在使用橡木饰面板时，不宜做过多的造型，应以最简洁自然的方式展现橡木纹理，更能突出居室的简约。

↑玄关处墙面用橡木饰面板装饰，沉稳大气

↑榉木饰面板低调淡雅，与现代风格居室搭配相得益彰

方法2

各色木纹饰面板搭配，令开放空间呈现多样风格

密闭的空间使用一种色调的木纹饰面板会令空间稳定、统一，却也略显单调、沉闷。根据居室空间的整体搭配选择不同颜色和花纹的木纹饰面板，则能营造别样的风格特色。

↑深棕木纹饰面板搭配水泥色背景墙，呼应皮质沙发，衬托出粗犷的硬朗感

↑开放式厨房和楼梯以浅色木纹饰板连接，既不破坏整体感又具有独特魅力

乳胶漆

一、了解乳胶漆及其分类

乳胶漆是以合成树脂乳液为基料，填料经过研磨分散后加入各种助剂精制而成的涂料。乳胶漆具备了与传统墙面涂料不同的众多优点，如易于涂刷、干燥迅速、漆膜耐水、耐擦洗性好等。

常见乳胶漆一览表

种类	性能特点	参考价格
亚光漆	1. 无毒无味 2. 遮盖力较强，耐碱性好 3. 施工方便，流平性好 4. 适用于顶面或次要空间墙面涂装	180~500 元 / 桶
丝光漆	1. 涂膜平整光滑、可洗刷 2. 质感细腻，光泽持久 3. 适用于卧室、书房等小面积空间墙面涂装	≥ 220 元 / 桶
有光漆	1. 色泽纯正，光泽柔和 2. 漆膜坚韧、干燥快 3. 耐候性好 4. 适用于客厅、餐厅等大面积空间墙面涂装	200~460 元 / 桶
高光漆	1. 遮盖力强，坚固美观 2. 附着力强，防霉抗菌性强 3. 涂膜耐久不易剥落 4. 适合于别墅、复式房屋等高档住所	≥ 300 元 / 桶

二、选购技巧

1. 闻气味

真正环保的乳胶漆应是水性无毒无味的，如果闻到刺激性气味或工业香精味，可能为劣质品，应慎重选择。

2. 用手感觉

用手指触摸，质感黏稠，无硬块；能在手指上均匀涂开且在 2min 内干燥结膜的为优质品。

3. 耐擦洗

可将少许涂料刷到水泥墙上，干后用湿抹布擦洗，高品质的乳胶漆耐擦洗性强，而低档的乳胶漆只擦几下就会出现掉粉、露底的褪色现象。

4. 用眼睛看

放一段时间后，正品乳胶漆的表面会形成一层厚厚的、有弹性的氧化膜，不易裂；而次品只会形成一层很薄的膜，易碎，且具有刺激性气味。

TIPS
施工小贴士

（1）新房墙面一般只需要用粗砂纸打磨，不需要把原漆层铲除。

（2）旧房墙面需把原漆面铲除。可以用水先把表层喷湿，然后用泥刀或者电刨机把表层漆面铲除。

（3）对于已有严重漆面脱落情况的旧墙面，需把漆层铲除直至见到水泥层或砖层；用双飞粉和熟胶粉调拌打底批平，再用乳胶漆涂 2~3 遍，每遍之间间隔 24h。

三、搭配方法

方法1

纯色乳胶漆打造简约时尚感

纯色乳胶漆适合大面积涂刷墙面，用纯色乳胶漆来装点现代家居，不仅能将空间塑造得十分简约、时尚，同时又方便打理。

↑局部墙面刷涂橙色乳胶漆，可以活跃居室气氛

↑蓝色乳胶漆墙面与卧室软装呼应，打造平静舒适的睡眠空间

方法 2

不同明度乳胶漆丰富客厅层次

不同明度的绿色乳胶漆和谐又独特，用不同颜色划分空间区域功能，既美观大方，又不令人觉得突兀，同时也丰富了客厅层次。

↑绿色系乳胶漆凸显美式风格的自然清爽

↑蓝色乳胶漆深浅的变化将客厅与餐厅统一又区分

艺术涂料

一、了解艺术涂料及其分类

艺术涂料是一种新型的墙面装饰艺术材料，通过现代高科技的处理工艺，能使产品无毒，环保，同时还具备防水，防尘，阻燃等功能，优质艺术涂料可洗刷，色彩历久常新。

常见艺术涂料一览表

种类		性能特点	参考价格
威尼斯灰泥	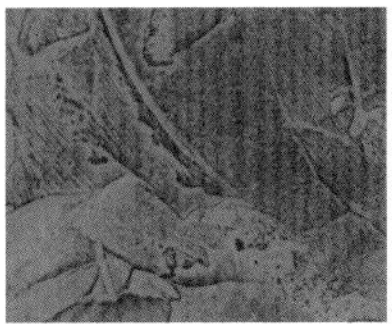	1. 质地和手感滑润 2. 花纹讲究若隐若现，有立体感 3. 表面平滑如石材，光亮如镜面 4. 金银批染工艺效果华丽	150~600 元 /m^2
板岩漆系列		1. 材料独特，色彩鲜明 2. 保温、降噪 3. 具有板岩石质感，可创作任意艺术造型	160~220 元 /m^2
浮雕漆系列		1. 花纹类似于水曲柳，但有明显的针状或点状纹 2. 纹理活泼、变化多 3. 质地坚实，使用年限长 4. 档次较高	180~380 元 /m^2
肌理漆系列		1. 具有仿真浮雕效果 2. 涂层坚硬，黏结性强 3. 阻燃、隔声并防霉 4. 具有独特立体的装饰效果	160~240 元 /m^2
马来漆系列		1. 漆面光洁，有石质效果 2. 花纹以朦胧为美	105~300 元 /m^2

续表

种类		性能特点	参考价格
砂岩漆系列		1. 密着性强，耐碱性优 2. 耐腐蚀、易清洗 3. 具有砂壁质感	170~270 元 /m^2
云丝漆系列	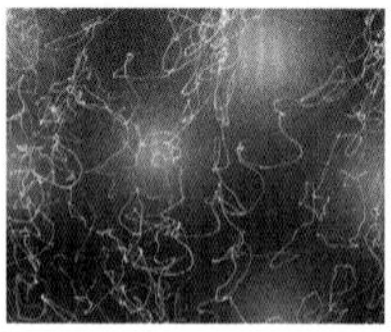	1. 质感华丽，具有丝缎效果和金属光泽 2. 不易开裂、起泡 3. 适合作为个性形象墙的局部点缀	200~450 元 /m^2

二、选购技巧

1. 看沉淀物

取少许艺术涂料与水混合。质量好的艺术涂料，在杯中有明显分层；而质量差的涂料，会使杯中的水变得混浊不清。

2. 看溶液

优质艺术涂料的保护胶水溶液呈无色或微黄色，且较清澈；劣质艺术涂料的保护胶水溶液则呈混浊态。

3. 看漂浮物

质量好的艺术涂料，在保护胶水溶液的表面，通常是没有漂浮物的。

TIPS

施工小贴士

艺术涂料上漆分为两种方式：加色和减色。加色即上了一种色之后再上另外一种或几种颜色；减色即上了漆之后，用工具把漆有意识地去掉一部分，以呈现出预期的效果。

三、搭配方法

方法 1

艺术涂料摆脱传统涂料单一性

不同于传统的乳胶漆营造出来的效果相对较单一、产品使用模式也较相同，艺术涂料即使只用一种涂料，由于其涂刷次数及加工工艺的不同，也可以达到不同的效果。

↑特殊涂刷工艺产生黑色渐变效果，灵活搭配墙饰

方法 2

艺术涂料效果更逼真生动

艺术涂料是涂刷在墙上的，就像腻子一样，完全与墙面融合在一起。因此，其效果会更自然、贴合；另外，与其他饰面材料相比，艺术涂料不会有变黄、褪色等问题的出现，使用寿命很长。

→艺术涂料打造别具一格的现代风格居室

方法2

砂岩系列艺术涂料为居室增添自然韵味

砂岩系列艺术涂料可以创造出独特的砂质质感，满足居室在设计上的美观需求，即使大面积使用也不会感到压抑。

↑使用砂岩涂料使空间更凸显原始自然气息

↑砂岩涂料墙面展现出独特艺术效果

PVC 壁纸

一、了解 PVC 壁纸及其分类

PVC 壁纸是一种以优质木浆纸为基层，以聚氯乙烯塑料为面层，通过印刷、压花、发泡等工序加工而成的。塑料壁纸的基层纸要求能耐热、不卷曲，有一定强度，厚度为 80~150g/m^2。

常见 PVC 壁纸一览表

种类		性能特点	价格
PVC涂层壁纸	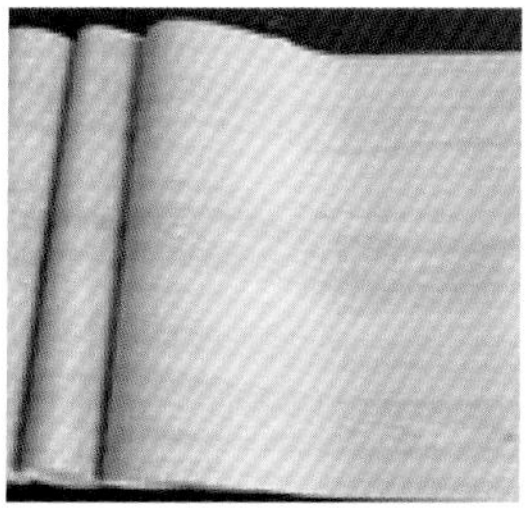	1. 立体感强，纹理效果逼真 2. 能抵御油脂和湿气 3. 有较强的质感和较好的透气性 4. 适用于厨房和卫浴	10~35 元 /m^2
PVC胶面壁纸		1. 印花精致、压纹质感佳 2. 防水防潮性好 3. 经久耐用、容易维护保养 4. 可广泛应用于所有的家居空间	15~40 元 /m^2
PVC发泡壁纸		1. 质地厚实、松软 2. 图案逼真，立体感强 3. 经久耐用、容易维护保养 4. 可广泛应用于所有的家居空间	10~35 元 /m^2

二、选购技巧

1. 检查防火性能

点燃壁纸，火苗应自动熄灭。燃烧过后的优质壁纸应变成浅灰色粉末，而劣质品易在燃烧中产生刺鼻黑烟。

2. 看表面

看 PVC 壁纸表面有无色差、死褶与气泡。最重要的是看清壁纸的对花是否清晰、规范，有无重印或者漏印的情况。

3. 检查壁纸的耐用性

可用湿纸巾在 PVC 壁纸表面擦拭，看是否有掉色情况；也可用笔在表面画一下，再擦干净，看是否留有痕迹。

4. 检查环保性

可以在选购时，闻一下壁纸有无异味，如果刺激性气味较重，证明挥发性物质较多。此外，还可以将小块壁纸浸泡在水中，一段时间后，闻一下是否有刺激性气味挥发。

TIPS

施工小贴士

（1）PVC 壁纸施工通常是装修的最后一道工序，必须各工种都退场之后才能施工，否则很可能因为木作碎屑等，破坏壁纸的平整度。

（2）PVC 壁纸的接缝处应位于不易察觉的地方，若光源从侧面进入，会令接缝处变明显，因此在贴壁纸前应做好放样，将灯光安装好。

（3）若壁纸翘边，可用壁纸胶刷在翘边进行处理；若有的接缝开裂，要及时予以补贴。

三、搭配方法

方法 1

条纹 PVC 壁纸令家居更具现代感

不论竖条纹还是横条纹 PVC 壁纸，都能在视觉上拉伸墙面空间；粗细相间的条纹样式能给居室墙面带来律动感，令房间显得生动、活跃。

↑白灰棕三色搭配的条纹 PVC 壁纸使卧室墙面更有现代感

↑儿童房使用蓝白色条纹壁纸显得活泼可爱

方法2

不同图案的 PVC 壁纸可以搭配不同风格居室

根据居室风格选择不同的 PVC 壁纸图案，更能凸显空间风格特色，比如中式风格居室可以选择花鸟图案的 PVC 壁纸；欧式风格则可以搭配复杂花纹图案的 PVC 壁纸。

↑花鸟图案 PVC 壁纸打造古典韵味的新中式餐厅

↑绿植图案壁纸营造清新自然的小资情调

无纺布壁纸

一、了解无纺布壁纸及其分类

无纺布壁纸采用天然植物纤维经过无纺工艺制成，拉力更强、更环保，不易发霉发黄，透气性好。是目前国际上流行的绿色环保材质，对人体和环境无害。

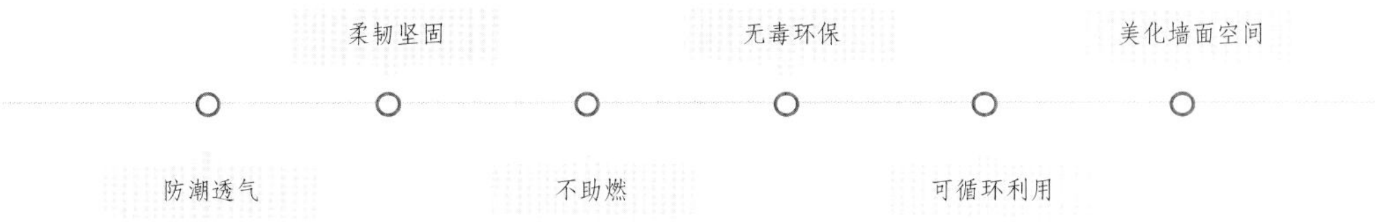

无纺布壁纸材料特点

无纺布壁纸拥有防潮、透气、柔韧、质轻、不助燃、容易分解、无毒无刺激性、色彩丰富、可循环利用等特点。无纺布壁纸被广泛应用于客厅、餐厅、书房、卧室、儿童房等的墙面铺贴中。其价格进口的在 700~900 元，国产的在 400~600 元。

二、选购技巧

1. 看图案和密度

颜色越均匀，图案越清晰的无纺布壁纸质量越好；布纹密度越高，说明质量越好，正反两边都要仔细查看。

2. 测手感

无纺布壁纸的手感很重要，手感柔软细腻说明密度较高，坚硬粗糙则说明密度较低。

3. 闻气味

环保的无纺布壁纸气味较小，甚至没有任何气味；劣质的无纺布壁纸会有刺鼻的气味。另外，味道很香的无纺布壁纸最好不要购买。

4. 燃烧测验

环保型无纺布易燃烧，火焰明亮，有少量的黑色烟雾；人造纤维的无纺布在燃烧时火焰颜色较浅，且有刺鼻气味。

5. 轻擦拭

试着用略湿的抹布擦一下无纺布壁纸，如果能够轻易去除脏污痕迹，则证明质量较好。

TIPS

施工小贴士

（1）铺贴时要保证墙面干净、平整，并需视贴合面的材质来调整底部的处理方式。建议做防水、防潮处理，以便日后更换且能避免污染墙面。

（2）可以选用胶浆和墙粉来粘贴，只要将墙胶均匀刷在墙上，然后粘贴平整即可。

三、搭配方法

方法1

无纺布壁纸能为家居带来温馨的视觉效果

无纺布壁纸与传统壁纸最大的不同就是可以体现出布料的温润感，可以为家居环境带来温馨、轻柔的视觉效果。

↑儿童房使用无纺布壁纸，环保安全又温馨

↑花朵纹样的无纺布壁纸为客厅带来轻奢的感觉

方法 2

无纺布壁纸可作为背景墙设计

无纺布壁纸纹理清晰、图案精美，材质柔韧、轻薄，非常适合作为居室背景墙使用。但在设计时要注意与其他壁纸相区分，以体现墙面设计的差异化，突出无纺布背景墙。

↑自然图案的沙发无纺布背景墙与墙面石膏板相结合，打造优雅的客厅氛围

↑爱心图形床头无纺布壁纸充分展现卧室柔软的少女情怀

钢化玻璃

一、了解钢化玻璃及其分类

钢化玻璃是以普通平板玻璃为基材，通过加热再迅速冷却后的玻璃。钢化玻璃的强度是普通平板玻璃的 3~5 倍，有很高的使用安全性能。

- 安全性能好
- 耐冲击强度高
- 良好的热稳定性
- 高抗弯曲度
- 不可进行再加工

钢化玻璃材料特点

钢化玻璃的安全性能好，有均匀的内应力，破碎后呈网状裂纹，各个碎块不会产生尖角。其抗弯曲强度、耐冲击强度是普通平板玻璃的 3~5 倍。但钢化玻璃不能进行再切割和加工，温差变化大时有破裂的可能性。钢化玻璃多用于家居中如玻璃墙、玻璃门、楼梯扶手等部位。

二、选购技巧

1. 看色斑

戴上偏光太阳眼镜观看玻璃，钢化玻璃应该呈现出彩色条纹斑。在光下侧看玻璃，钢化玻璃会呈现发蓝的斑点。

2. 测手感

钢化玻璃的平整度会比普通玻璃差，用手摸钢化玻璃表面，会有凹凸的感觉。

3. 看弧度

观察钢化玻璃较长的边，会有一定弧度。把两块较大的钢化玻璃靠在一起，弧度会更加明显。

4. 仔细观察面层

选购钢化玻璃时，可仔细观察面层，可以看到黑白相间的斑点，观察时注意调整光源，可以更容易观察到。

TIPS
施工小贴士

（1）计划使用钢化玻璃，需测量好尺寸再购买，钢化玻璃不能进行再切割和加工，很容易造成浪费。

（2）用玻璃胶直接固定钢化玻璃时，应将钢化玻璃安装在小龙骨的预留槽内，然后用玻璃胶封闭固定。

三、搭配方法

方法 1

钢化玻璃隔断通透且更有现代感

如果居室空间有限，还想划分不同的空间功能，那么使用玻璃隔断既能分隔区域也不会打破整体感。

↑用钢化玻璃隔断客厅与书房，视觉上既宽敞又明亮

↑推拉门式钢化玻璃隔断既实用又不失美感

方法2

钢化玻璃与门窗结合能有效满足居室风格变化

钢化玻璃门窗可以让光线穿透，也不妨碍视觉的延伸，并且独具质感和氛围。同时还非常容易清洗，便于日后维护。

↑不锈钢门框搭配钢化玻璃，工业气息十足

↑白漆木门和钢化玻璃的搭配充满清新温和的简约印象

艺术玻璃

一、了解艺术玻璃及其分类

艺术玻璃是在普通平板玻璃的基础上进行加工而成的玻璃产品，品种繁多，是现代家装的应用热点。

常见艺术玻璃一览表

种类		性能特点	参考价格
压花玻璃	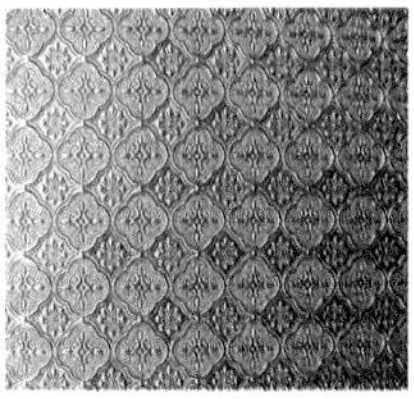	1. 透光不透视 2. 可分散集中光线 3. 具有一定隐私保护作用 4. 主要用于门窗、室内间隔、卫浴等处	5mm 40~100 元 /m^2
雕刻玻璃		1. 立体感较强 2. 纹理图样可自由定制 3. 装饰效果好 4. 适用于别墅等豪华空间的隔断或墙面造型	8mm 200~500 元 /m^2
夹层玻璃	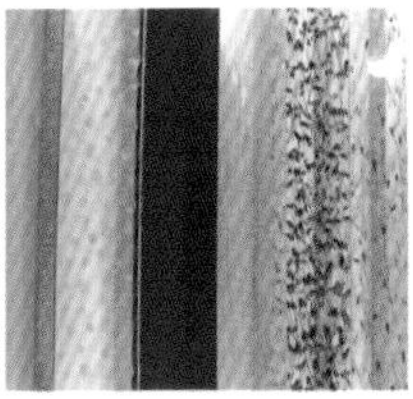	1. 隔热保温性好 2. 安全性高 3. 多用于连接室外的门窗	4mm+4mm 80~90 元 /m^2
彩绘玻璃	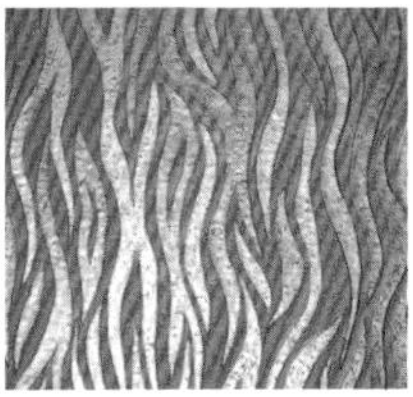	1. 时尚性较强 2. 色彩丰富，图案多样 3. 根据图案的不同，适用于家居装修的任意部位	5mm 100~120 元 /m^2

续表

种类		性能特点	参考价格
磨砂玻璃		1. 透光不透视 2. 能过滤强光 3. 表面朦胧、温和 4. 常用于需要隐蔽的空间，如卫浴门窗及隔断	5mm 40~50 元 /m^2
冰花玻璃		1. 装饰效果良好 2. 对光线有漫射作用 3. 具有较好的私密性 4. 常用于家居隔断、屏风以及卫浴的门窗	5mm 30~100 元 /m^2
砂雕玻璃	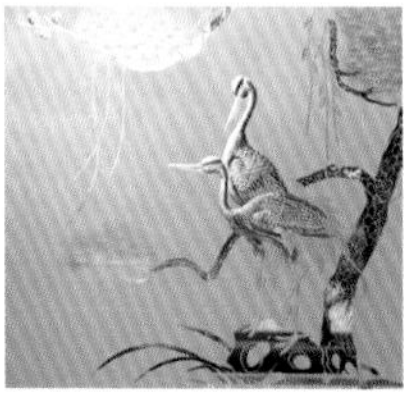	1. 立体、生动 2. 艺术感染力最强 3. 可用于家庭装修中的门窗、隔断、屏风	5mm 60~200 元 /m^2
水珠玻璃		1. 使用周期长 2. 艺术效果好 3. 可用于家庭装修中的门窗	5mm 40~100 元 /m^2
变色玻璃		1. 能在不同的光线下改变颜色 2. 环保节能 3. 着色、褪色可逆	5mm 100~120 元 /m^2
镶嵌玻璃		1. 随意性强 2. 可搭配自由 3. 多种类型玻璃任意组合	5mm 200~700 元 /m^2

二、选购技巧

1. 看厚度

选购时最好选择钢化的艺术玻璃，或者选购加厚的艺术玻璃，如 10mm、12mm 等，以降低破损概率。

2. 看图案

定制的艺术玻璃，最好到厂家挑选，找类似的图案样品作为参考，才不会出现想象与实际差别过大的状况。

3. 观察细节

选购时应注意玻璃表面细节的唯美性，不能有瑕疵，如气泡、夹杂物、裂纹等。从侧面看不能有任何弯曲或不平直的形态。

TIPS

施工小贴士

（1）艺术玻璃多为立体效果，安装时留框的空间要比一般玻璃略大些；另外在安装时要仔细检查每个立体部分有无破损，整体、边角是否完整。

（2）不少艺术玻璃未经强化处理，所以装置地点最好固定，不要经常挪动。

（3）如果希望快速改变玻璃质地与透光性，可以适当选用玻璃贴膜。但玻璃贴膜安装 15d 内不能用水擦洗玻璃，日后也不能粘贴不干胶装饰品。

三、搭配方法

方法

艺术玻璃透光不透视

玻璃可以作为房间隔断使用，光线可透过但却能遮挡视线，同时也不会有沉重压迫的感觉，是家居空间中优良的装饰品。

←压花玻璃搭配实木隔断，自然又朦胧

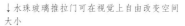

↓水珠玻璃推拉门可在视觉上自由改变空间大小

第四章

地面材料

地面材料也是家居装修过程中重要的一部分，选择合适的地面材料至关重要。本章节我们将介绍 5 种类型的地面材料，帮助装修者了解它们的基本特点与功能，通过实用的选购建议，以便于装修者更好地做出选择。

学习要点

1. 常见地面砖：玻化砖、仿古砖的分类及选购技巧。
2. 常见地板：实木地板、复合地板、竹地板的分类及选购技巧。

玻化砖

一、了解玻化砖及其分类

玻化砖又称为全瓷砖，是通体砖表面经过打磨而成的一种光亮瓷砖，属通体砖的一种。玻化砖经高温烧制而成，质地为多晶材料，有很高的强度和硬度。

常见玻化砖一览表

种类		性能特点	参考价格
微晶玉	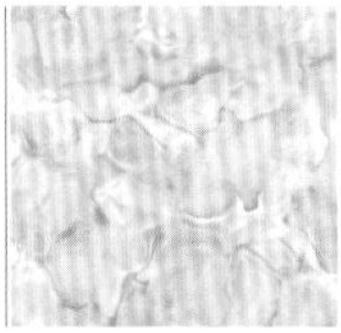	1. 纹理细腻雅致 2. 色彩柔和晶莹 3. 不吸水，耐酸碱 4. 适合用于外墙干挂	750~900 元 /m^2
超微粉砖		1. 光度高，硬度高 2. 耐磨性较好 3. 规格多样，色彩丰富 4. 吸水率低	160~320 元 /m^2
渗花型玻化砖	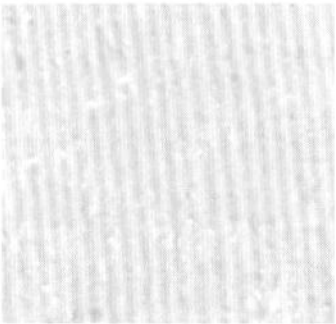	1. 纹理清晰 2. 亮度较高	70~220 元 /m^2

续表

种类		性能特点	参考价格
多管布料玻化砖		1. 花色纹路自然 2. 差别性小 3. 理化性能稳定 4. 较耐磨	60~150 元 /m^2

二、选购技巧

1. 看表面

砖体表面是否光泽亮丽、有无划痕、色斑、漏抛、漏磨、缺边、缺脚等缺陷。

2. 听声音

敲击瓷砖，若声音浑厚且回音绵长如敲击铜钟之声，则为优等品；若声音混浊，则质量较差。

3. 看商标

正规厂家生产的产品底胚上都有清晰的产品商标标记，如果没有或者标记特别模糊建议不要购买。

4. 试手感

相同规格的地砖，质量好的砖手感都比较沉，质量差的则手感较轻。

TIPS

施工小贴士

（1）铺贴前检查包装所示的产品型号、等级、尺寸及色号是否统一，重点检查砖体的平整度。

（2）铺贴时应先处理好基层，干铺法基础层达到一定刚硬度才能铺贴砖，铺贴时接缝多在 2~3mm 之间调整。

三、搭配方法

方法1

拥有天然石材质感的玻化砖美观又实用

玻化砖具有天然石材的质感，色彩、图案、光泽都可根据空间风格自由定制。但相比于天然石材，玻化砖质地更轻便，效果更为突出。

↑拥有天然石材纹路的玻化砖能有效提升客厅格调

方法2

拼贴玻化砖打造独特走道

玻化砖可以随意切割，任意加工成各种图形，形式色彩多变。多色拼贴的设计可以令原本单调的走道变化丰富，满足个性需求。

↑拼接多色玻化砖轻奢典雅

方法3

高光泽度改变空间光线变化

玻化砖表面光洁，非常适合大面积铺设于客厅、餐厅等区域。采光较差的居室或整体风格轻快明朗的空间，可以选择玻化砖，通过阳光或照明灯具的反射，可以提升空间整体亮度。

↑白色玻化砖与卧室整体风格统一，同时又能提亮空间，增加通透感

↑光泽透亮的玻化砖将新中式风格去繁存简的传统韵味发挥到极致

仿古砖

一、了解仿古砖及其分类

仿古砖是从彩釉砖演化而来，实质上还是上釉的瓷质砖。仿古砖与普通的釉面砖相比，其差别主要表现在釉料的色彩上面。

常见仿古砖一览表

种类		性能特点	参考价格
半抛釉仿古砖	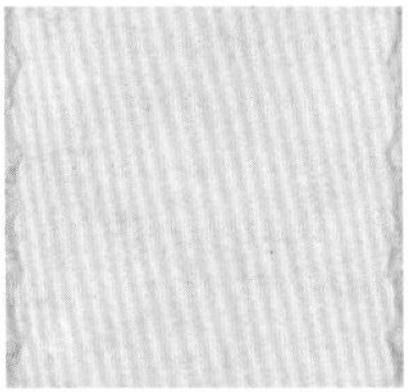	1. 呈现亚光光泽 2. 耐磨性较高	110~260 元 /m^2
全抛釉仿古砖		1. 光亮程度高 2. 耐污性好	135~320 元 /m^2
单色砖		1. 色彩简洁大方 2. 防水防滑	≥ 90 元 /m^2
花砖		1. 颜色丰富 2. 样式较多	≥ 150 元 /m^2

二、选购技巧

1. 测吸水率

把一杯水倒在瓷砖背面，扩散迅速的表明吸水率高；吸水率越高则越不适合用于厨、卫区域。

2. 看耐磨度

仿古砖的耐磨度从低到高分为五度。家装用砖在一度至四度间做选择即可。

3. 测硬度

用敲击听声的方法来鉴别，声音清脆的就表明内在质量好，不易变形破碎，即使用硬物划一下砖的釉面也不会留下痕迹。

4. 看色差

表面有压纹且表面釉质不能受压纹影响而有残缺，注意压纹的深浅应一致。

TIPS

施工小贴士

（1）注意已铺贴完的地面需要养护 4~5d，防止因过早使用而影响装饰效果。

（2）在铺装过程中，可以通过地砖的不同划分空间区域，如在餐厅或客厅中，用花砖铺围出区域分割，在视觉上形成空间对比。

（3）在铺设过程中，填缝剂的颜色也很重要，选用颜色恰当的填缝剂做勾缝处理更能起到画龙点睛的作用。

三、搭配方法

方法 1

自然色彩的仿古砖营造出多种风格特色

仿古砖纹理色彩非常丰富，通常可以根据空间风格选择相搭配的仿古砖类型。

↑岩石色调仿古砖与棕色系家具相结合，古朴而温馨

←蓝色仿古砖轻松打造地中海风格

方法2

拼花仿古砖能丰富地面设计形式

在客餐厅地面设计中，通常会选择拼花形式，记载仿古砖的四角设计十字花形，装饰出来的地面既不会显得凌乱，又极具审美情趣。

↑在田园风格客厅中运用拼花仿古砖，复古自然

↑米色仿古砖带来清新活跃的感觉

实木地板

一、了解实木地板及其分类

实木地板是采用天然木材，经加工处理后制成的条板或块状的地面铺设材料。实木地板对树种的要求较高，档次也是由树种决定。

常见实木地板一览表

种类		性能特点	参考价格
柚木		1. 防水耐腐，稳定性好 2. 含有极重的油质 3. 带有特别的香味 4. 颜色会随时间变化而更加美丽	600 元 /m^2
花梨木	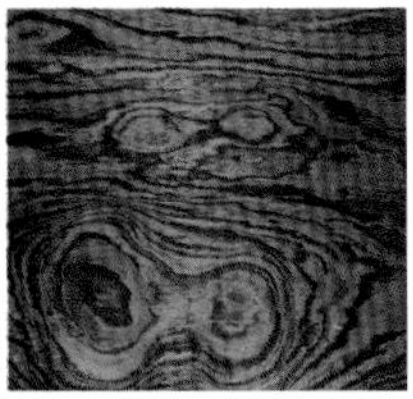	1. 木纹较粗，纹理直且较多 2. 耐久度、强度较高 3. 花纹精美，呈八字形	1000 元 /m^2
樱桃木		1. 硬度低、强度中等 2. 时间越长，颜色、木纹会越深 3. 稳定性好，耐久度高	800 元 /m^2
黑胡桃		1. 呈浅黑褐色带紫色 2. 结构均匀，容易加工 3. 耐腐、耐磨 4. 干缩性小	700 元 /m^2

续表

种类		性能特点	参考价格
桃花心木		1. 密度中等，尺寸稳定 2. 干缩率小，强度适中 3. 色泽温润 4. 花纹绚丽、变化丰富	900 元 /m^2
枫木		1. 密度中等，尺寸稳定 2. 干缩率小，强度适中 3. 质量轻，韧性佳	600 元 /m^2
小叶相思木		1. 呈黑褐色或巧克力色 2. 有独特的自然纹理 3. 稳定性好，韧性强 4. 耐腐蚀，缩水率小	400 元 /m^2
水曲柳木	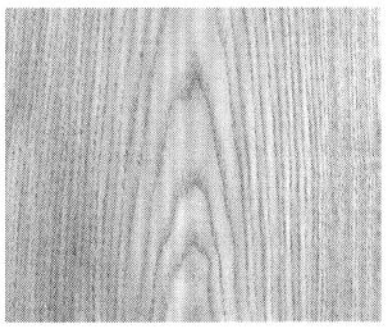	1. 呈黄白色或褐色略黄 2. 纹理明显但不均匀 3. 光泽性强，略具蜡质感 4. 不耐腐，加工性能好	400 元 /m^2
印茄木	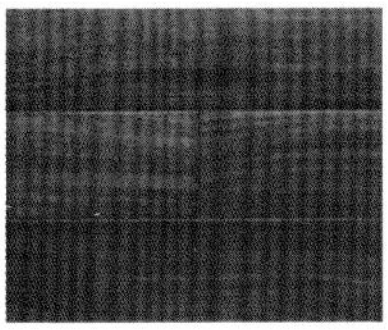	1. 结构略粗，纹理交错 2. 花纹美观，耐磨性能好	500 元 /m^2
圆盘豆木	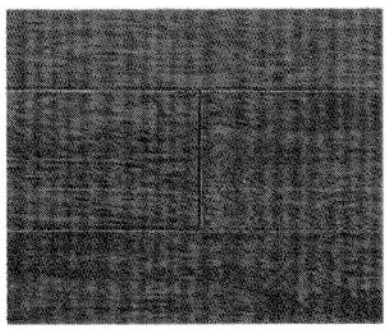	1. 颜色较深，分量重 2. 脚感较硬 3. 使用寿命长，保养简单 4. 不适合有老人或小孩的家庭使用	500 元 /m^2
橡木		1. 具有比较鲜明的山形木纹 2. 触摸表面有着良好的质感 3. 使用年限长，稳定性相对较好	500 元 /m^2

二、选购技巧

1. 检查基材的缺陷

看是否有死节、开裂、腐朽、菌变等缺陷；并查看地板的漆膜光洁度是否合格，有无气泡、漏漆等问题。

2. 观测木地板的精度

木地板开箱后可取出10块左右徒手拼装，观察企口咬口，拼装间隙，相邻板间高度差。严格合缝，手感无明显高度差即可。

3. 确定合适的长度

实木地板并非越长越宽越好，建议选择中短长度地板，不易变形；长度、宽度过大的木地板相对容易变形。

4. 识别木地板材树种

有的厂家为促进销售，将木材冠以各式各样不符合木材分类的美名，如“金不换”“玉檀香”等；更有甚者，以低档木材充高档木材，购买者一定要学会辨别。

TIPS

施工小贴士

（1）地板应在施工后期铺设，不得交叉施工。铺设后应尽快打磨和涂装，以免弄脏地板或使之受潮变形。

（2）地板不宜铺得太紧，四周应预留足够的伸缩缝且不宜超宽铺设，如遇较宽的场合应分隔切断，再压铜条过渡。

（3）地板铺设前宜拆包堆放在铺设现场1~2d，使其适应环境，以免铺设后出现胀缩变形。

三、搭配方法

方法1

不同色泽实木地板呈现不同效果

深色实木地板给人沉稳厚实的感觉，搭配中式风格或欧式风格尽显大气稳重；浅色实木地板简约低调，与简欧风格、北欧风格搭配相得益彰。

↑深棕色地板低调稳重

↑浅色地板干净柔和

方法2

黑胡桃木地板打造古朴日式风格卧室

自然平淡的实木家具搭配黑胡桃木地板，会呈现出简单平和的居室氛围，给人以平静古朴的感觉。

↑日式风格卧室使用胡桃木地板显得温和安宁

复合地板

一、了解复合地板及其分类

复合地板，是地板的其中一种。但复合地板被人为改变了地板材料的天然结构，是一种为了达到某项物理性能以符合预期要求的地板。

1. 实木复合地板

实木复合地板是由不同树种的板材交错层压而成，具有较好的尺寸稳定性，并保留了实木地板的自然木纹和舒适的脚感。

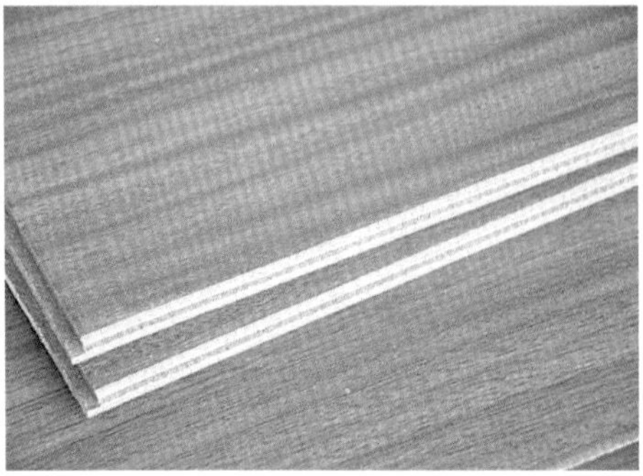

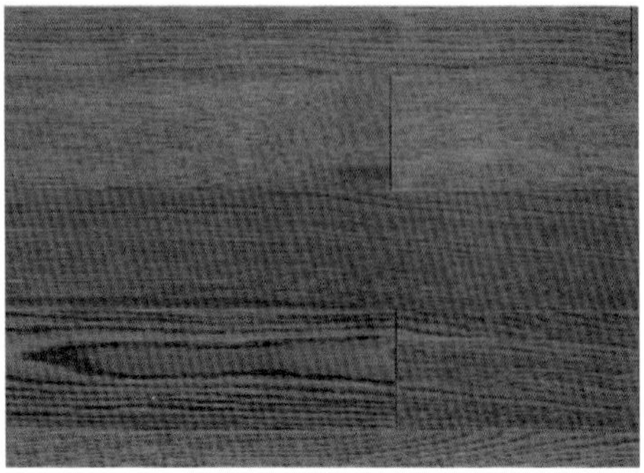

↑实木复合地板木纹自然

2. 强化复合地板

强化复合地板具有很高的耐磨性，表面耐磨度为普通木地板的 10~30 倍，具有耐污染腐蚀、抗紫外线、耐香烟灼烧等性能。

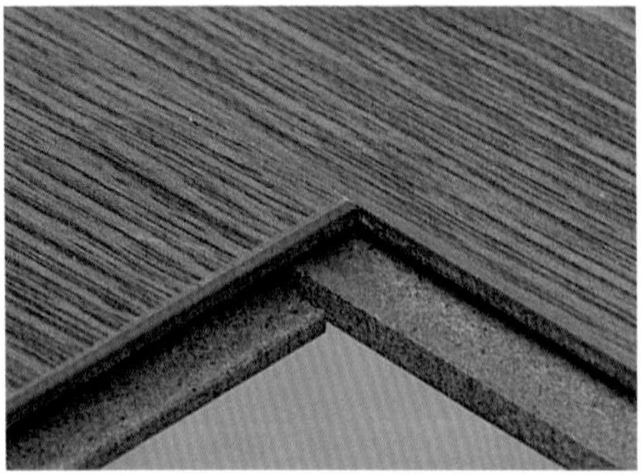

↑强化复合地板耐磨性强

二、选购技巧

1. 看厚度

地板的厚度一般在 6~12mm，厚度越厚，使用寿命也就相对越长。

2. 查耐磨转数

一般情况下，复合地板的耐磨转数达到 1 万转为优等品，不足 1 万转的产品，在使用 1~3 年后就可能出现不同程度的磨损现象。

3. 注意甲醛含量

按照标准，每 100g 地板的甲醛含量不得超过 9mg，如果超过 9mg 属不合格产品。

4. 看基材

将地板对半破开，看里面的基材。好的基材里面没有杂质，颜色较为纯净；差的基材里能看见大量杂质。有的板材使用速生林，3~5 年的木材就作为基材，质量不稳定，但 FSC 认证的板材对于木种有着严格的限制，所以木质基材较好。

TIPS

施工小贴士

（1）复合地板安装完之后，需要查看表面是否洁净、无毛刺、无沟痕、边角无缺损，漆面是否饱满、无漏漆，铺设是否牢固等。

（2）地面较平整的话，铺贴 PVC 复合地板可以用环保胶黏剂代替水泥砂浆，24h 后即可使用。

三、搭配方法

方法1

强化复合地板的拼花铺贴独特又有设计感

常见的 V 字形拼花造型、方形的拼花造型等不仅可以让居室设计多样化，呈现更美的装饰效果，并且在视觉上也有延伸空间作用。

↑方形拼花强化地板给客厅带来沉稳的安定感

方法2

实木复合地板与玻化砖相结合可令空间更加饱满

空间面积较大，可采用实木复合地板和玻化砖相结合，这样可令居室环境显得更加紧凑、饱满。

→实木复合地板与地砖的混合铺贴极富有创意和设计感

方法3

根据空间设计选择合适深浅色调的复合地板

当居室家具颜色比较深时，可以选择深色系复合地板，使空间视觉上不显得突兀；居室家具颜色较浅时，浅色系复合地板可以使房间显得明亮开阔。

↑深色系复合地板与卧室软装搭配协调

↑浅色拼花复合地板和厨房整体橱柜色调相呼应

竹地板

一、了解竹地板及其分类

竹地板是竹子经处理后制成的地板。竹地板有良好的质地和质感，竹材的组织结构细密，材质坚硬，具有良好的弹性，脚感舒服，装饰自然大方。

常见竹地板一览表

种类		性能特点	参考价格
实竹平压地板	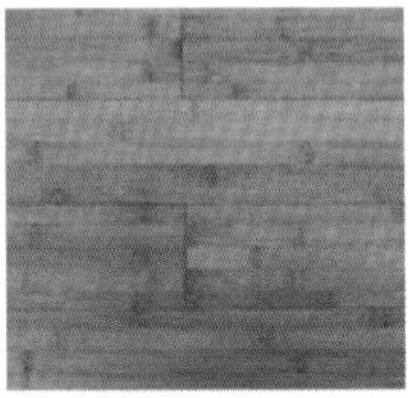	1. 结构细密 2. 坚固耐磨 3. 纹理自然	150~500 元 /m^2
实竹侧压地板		1. 接缝更紧密 2. 冬暖夏凉	150~500 元 /m^2
实竹中横地板	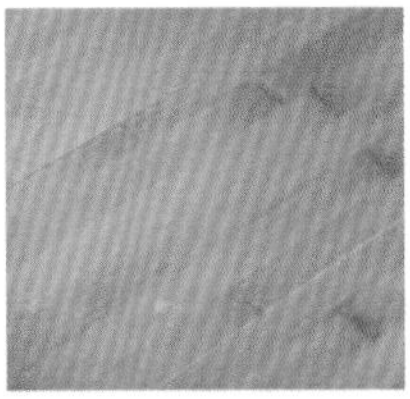	1. 整体平整度高 2. 不易变形 3. 环保自然	90~210 元 /m^2
炭化竹地板	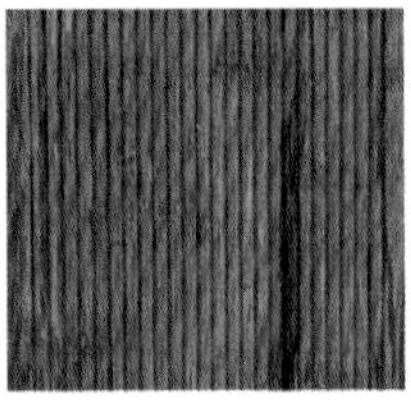	1. 颜色加深 2. 色泽美观 3. 伸缩率低	130~190 元 /m^2

二、选购技巧

1. 看表面

观察竹木地板的表面漆上有无气泡，竹节是否太黑，表面有无胶线，然后看四周有无裂缝、批灰痕迹等。

2. 看漆面

注意竹木地板是否是六面淋漆，由于竹木地板表面带有毛细孔，会因吸潮而变形，所以必须将四周、底、表面全部封漆。

3. 看竹龄

最好的竹材年龄为 4~6 年，4 年以下竹龄太小没成材，竹质太嫩；年龄超过 9 年的竹子就老了，老毛竹皮太厚，使用起来较脆。

4. 掂分量

可用手拿起一块竹木地板观察，若拿在手中感觉较轻，说明采用的是嫩竹，若眼观其纹理模糊不清，说明此竹材不新鲜，是较陈的竹材。

TIPS

施工小贴士

（1）施工时先装好地板，后需要使用 1.5cm 厚度的竹地板做踢脚板，安全缝内不能留任何杂物，以免地板无法伸缩。

（2）卫浴、厨房和阳台与竹木地板的连接处应做好防水隔离处理；另外，竹木地板安装完毕后 12h 内不要踏踩。

三、搭配方法

方法

竹地板与日式风格设计相辅相成

竹地板的特性很符合日式风格的要求，因此日式风格居室经常能看到地面铺设竹地板，与榻榻米搭配，形成平和温馨的空间环境。

↑竹地板打造和风家居格调安静、雅致

↑带有竹节的竹地板更有天然的味道

第五章

门窗及五金

现代家居中门窗不再仅具有分隔空间的作用，随着门窗以及五金种类的增多，样式造型的变化，人们也越加重视其装饰作用。本章节我们将探讨门窗及五金的选购技巧，介绍不同类型的门窗及五金种类，通过对比学习，让装修者更轻松地掌握知识。

学习要点

1. 常见门：实木门、复合门、模压门、推拉门的分类及选购技巧。
2. 百叶窗的常见分类及选购技巧。
3. 门锁的常见分类及选购技巧。

实木门

一、了解实木门及其分类

实木门是指制作木门的材料是取自森林的天然原木或者实木集成材。所选用的多是名贵木材，如胡桃木、柚木、红橡、水曲柳、沙比利等。

常见实木门一览表

种类		性能特点	参考价格
实木雕花门		1. 选用中高档硬木 2. 雕花细致典雅 3. 有较强艺术性与欣赏性 4. 适合中式古典风格、欧式古典风格	≥ 3500 元 / 樘
全实木门		1. 内外均为一种材质 2. 不变形，耐腐蚀 3. 隔热保暖 4. 多用于卧室、书房	2800~4600 元 / 樘
实木工艺门		1. 表面贴木皮 2. 色差较小 3. 不易开裂	2800~4800 元 / 樘

二、选购技巧

1. 听声音

用手轻敲门面，若声音均匀沉闷，则说明质量较好。一般木门的实木比例越高，这扇门就越沉。

2. 检查漆膜

从门斜侧方的反光角度，看表面的漆膜是否平整，有无橘皮现象，有无突起的细小颗粒。

3. 根据花纹判断真伪

如果是实木门，表面的花纹会非常不规则，若门表面花纹光滑整齐漂亮，往往不是真正的实木门。

4. 看表面的平整度

如果实木门表面平整度不够，说明选用的是比较廉价的板材，环保性能也很难达标。

TIPS

施工小贴士

（1）门套对角线应准确，2m 以内允许公差≤ 1mm，2m 以上≤ 1.5mm。

（2）门套装好后，应三维水平垂直，垂直度允许公差≤ 2mm，水平平直度公差≤ 1mm。

（3）门套与门扇间的缝隙，下缝为 6mm，其余三边为 2mm；所有缝隙允许公差≤ 0.5mm。门套、门线与地面结合缝隙应小于 3mm，并用防水密封胶封合缝隙。

三、搭配方法

方法1

实木门可为空间增添自然古朴的气息

当实木门的造型和色彩与居室的风格一致时，不仅整体上和谐自然，独特的雕刻工艺更令居室更显得古朴雅致。

↑自然纹路的实木门给卧室增添平和安定的质感

方法2

实木门的颜色应与居室整体相协调

在选择实木门的颜色时，尽量选择与居室整体色调一致的色彩。比如当室内主色调偏浅时，可挑选白橡、桦木等冷色系木门；当室内主色调偏深时，可选择柚木、胡桃木等深色系木门。

↑浅色系木门与墙面相呼应，卧室更有整体感

实木复合门

一、了解实木复合门及其分类

实木复合门是指以木材、胶合材等为主要材料复合制成的实型体或接近实型体，面层为木质单板贴面或其他覆面材料的门。

常见实木复合门一览表

种类		性能特点	参考价格
白茬门	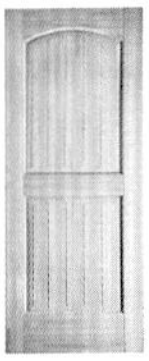	1. 没有涂抹油漆 2. 需手工刷抹油漆 3. 隔声隔热	1300~1800 元 / 樘
油漆门	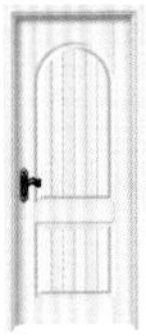	1. 视觉效果好 2. 强度高 3. 耐久性好	1800~3200 元 / 樘
平口门	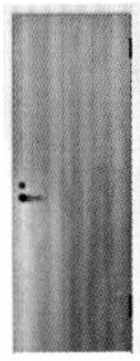	1. 门边缘平直 2. 门框之间有 3mm 缝隙	1800~3200 元 / 樘
T 型口门		1. 门边缘为 T 形口 2. 密闭隔音效果好 3. 整体美观	2300~4000 元 / 樘

二、选购技巧

1. 看表面

板面应平整洁净，无节疤、虫眼和裂纹，木纹应清晰美观。

2. 选门的颜色

木门应与家具的颜色接近、与窗套哑口尽量保持一致；同墙面色彩要有对应性反差（如选择混油白色的木门最好搭配带有色彩的墙面漆）。

3. 根据花纹判断真伪

如果是实木门，表面的花纹会非常不规则，若门表面花纹光滑整齐漂亮，往往不是真正的实木门。

4. 看结构

实木复合门的内部结构一般分为平板和实木两种。实木芯在做工上采用传统工艺，结构稳定，立体感和厚重感并存；平板门的优势在于简洁大方的外观，在着色和选材方面更加灵活广泛，具有很强的现代感。

TIPS
施工小贴士

（1）实木复合门安装时间一般在墙、地砖、地板等铺装后进行，且墙面的腻子已刮过两次，面漆已经刷过一次之后。

（2）门套板与墙体间的缝隙一般会使用泡沫胶。这层泡沫胶一般需要 5cm 的间隙，以便泡沫胶纵向膨胀及通风固化。

三、搭配方法

方法1

实木复合门平板门现代感十足

没有立体线条的实木复合平板门，造型简约大方，颜色丰富大气，非常适合现代风格、简约风格或工业风格居室使用。

↑去除复杂装饰的实木复合门更加简单利落

方法2

雕花实木复合门可重现复古韵味

带有精美雕花的实木复合门能给居室带来复古感，不论是中式传统还是欧式经典图案，雕刻在实木复合门上，都可以令居室洋溢着雅致、庄重的氛围。

↑窗棂图案赋予新中式风格餐厅传统韵味

模压门

一、了解模压门及其分类

模压门是采用模压面板制作的带有凹凸造型的一种木质室内门。它以木皮为板面，保持了木材天然纹理的装饰效果，同时也可进行面板拼花，既美观又经济实用。

常见模压门一览表

种类		性能特点	参考价格
实木贴皮模压门		1. 表面贴饰天然木皮 2. 膨胀率低 3. 适合现代风格和简约风格家居	800~1400 元 / 樘
三聚氰胺模压门	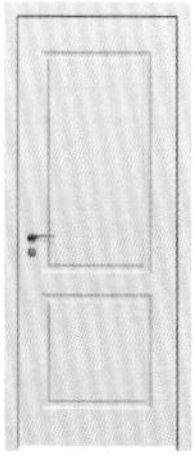	1. 造价相对便宜 2. 门声较轻 3. 防潮、抗变形	750~1000 元 / 樘
塑钢模压门	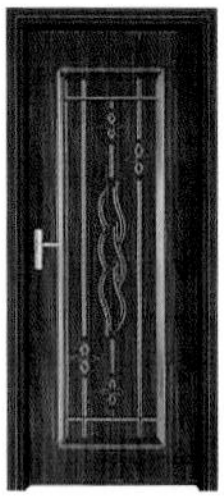	1. 花型丰富 2. 不易氧化变色 3. 不会出现表面龟裂	1000~1500 元 / 樘

二、选购技巧

1. 关注隔声性能

要选择材质密实、结构坚固、使用安全的模压木门，才能有较好的隔音、耐冲击性能。

2. 了解内框质量

贴面板与框体连接应牢固，无翘边、无裂缝。内框横、竖龙骨排列应符合设计要求，安装合页处应有横向龙骨。

3. 检查表面

用手摸门的边框、面板、拐角处，要求无毛刺感；站在门的侧面迎光处看门板的油漆面是否有凹凸波浪。

4. 观察板面

板面应平整、洁净，无节疤、虫眼、裂纹和腐斑，木纹清晰；其厚度不得低于 3mm。

TIPS

施工小贴士

（1）门扇要方正，不能翘曲变形，门扇要刚好能塞进门窗框，并与门窗框相契合。

（2）用手敲击门窗套侧面板，如果发出空鼓声，就说明底层没有基层板材，这样的门是不会坚固的，应拆除重做。

（3）模压门板与木方和填充物不得脱胶，横楞和上下冒头应各钻两个以上的透气孔，保持通畅。

三、搭配方法

方法1

白漆模压门令简约风格更具情调

一体成型的模压门造型平整利落，干净典雅的白色调搭配个性简洁的软装令空间更具现代、时尚格调，非常适合追求极简居室的人群选用。

↑简单的白漆模压门可以成为居室装饰亮点之一

方法2

半玻璃模压门极富造型感

厨房或浴室的门可以选择带有半玻璃造型的模压门，不仅装饰效果好，而且透光性较好，给人以通透感。卫浴间也可以选择经过全磨砂处理的玻璃，保证私密性。

↑使用半玻璃模压门使厨房空间看上去更加通透明亮

推拉门

一、了解推拉门及其分类

推拉门即利用推拉来开关的门，推拉门既能够分隔空间，有时还能够保障充足的光线，同时隔绝一定的音量，而拉开后两个空间便合二为一，且不占空间。从使用上看，推拉门无疑极大地方便了居室的空间分割和利用，其合理的推拉式设计满足了现代生活所讲究的紧凑的秩序和节奏。

常见推拉门一览表

种类		性能特点	参考价格
铝镁合金推拉门		1. 轻薄美观 2. 装饰性较强 3. 低碳环保 4. 适合于浴室、厨房等潮湿的环境	600~800 元 / 樘
塑钢推拉门	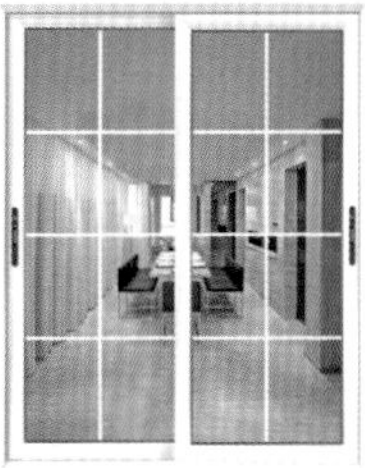	1. 拥有良好的密封性和隔热性 2. 整体不易变形 3. 表面不易老化 4. 适用于阳台处	450~700 元 / 樘
实木推拉门		1. 档次较高 2. 装饰效果精美 3. 适合中式风格家居	700~1500 元 / 樘

二、选购技巧

1. 看漆面

正规大厂家的产品漆面一般光滑细腻、均匀饱满、纹理清晰。

2. 注意轮底质量

优质品牌的底轮，具有180kg承重能力及内置的轴承，适合制作各种尺寸的滑动门，同时具备底轮的特别防震装置，可使底轮能适应各种状况的地面。

3. 挑轨道高度

地轨设计的合理性直接影响产品的使用舒适度和使用年限，选购时应选择脚感好，且利于卫生清洁的款式；同时，为了家中老人和小孩的安全，地轨高度以不超过5mm为好。

4. 选安全玻璃

除了壁柜门不能用透明玻璃以外，其他推拉门玻璃占据了结构中的大部分，玻璃的好坏直接决定门的档次、质量的高低。最好选钢化玻璃，破碎后不伤人，安全系数高。

TIPS

施工小贴士

（1）推拉门上部的轨道盒尺寸要保证达到高12cm，宽9cm的标准，选择做推拉门时，高度最少要在207cm以上。

（2）正常门的尺寸在80cm×200cm左右，如果在高于200cm的高度下做推拉门，最好将门的宽度缩窄，以此保持门的稳定和使用安全。

三、搭配方法

方法1

玻璃推拉门令卧室光线更舒适

如果卧室有一个独立的小阳台，可以把阳台门设置成玻璃推拉门，同时搭配遮光的窗帘，这样既保证了隐私性又令卧室充满了阳光的活力。

↑白色推拉门突出卧室清新田园感

方法2

实木推拉门彰显书房儒雅气质

书房采用简洁利落的实木推拉门，将木材与磨砂玻璃结合，令书房彰显出古朴典雅的书香雅致。

↑实木推拉门配合书房整体风格，显得古朴大方

百叶窗

一、了解百叶窗及其分类

百叶窗以叶片的凹凸方向来决定遮光与采光，采光的同时，亦能阻挡由上至下的外界视线；而且叶片的凸面向室内的话，影子不会映显到室外，且清洁方便。

保护隐私　简洁美观　冬暖夏凉　易于清洗　可灵活调节叶片　节省空间

百叶窗材料特点

百叶窗美观节能，简洁利落。采用了隔热性好的材料，能有效保持室内温度，达到了节省能源的目的。通过角度的自由调整，可以任意调节叶片至最适合的位置控制射入光线。清洁时只需以抹布擦拭即可。在遮阳方面，百叶窗除了可以抵挡紫外线辐射之外，还能调节室内光线。

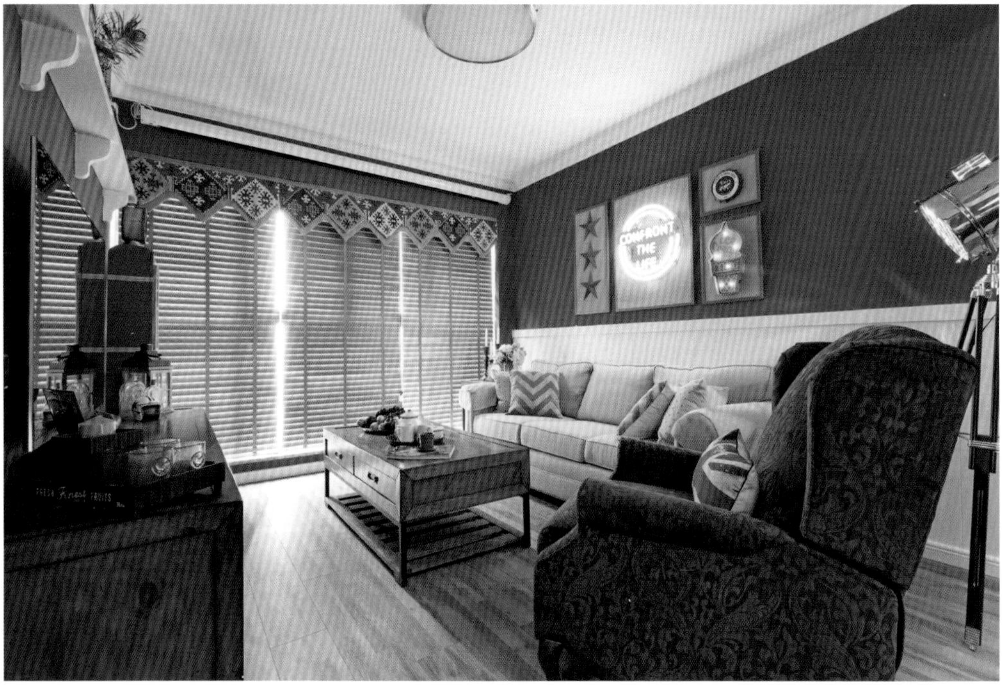

二、选购技巧

1. 看质量

选购百叶窗时可以先触摸一下窗棂片是否平滑，看看每一个叶片是否会起毛边。一般来说，质量优良的百叶窗在叶片细节方面的处理较好，若质感较好，那么它的使用寿命也会较长。

2. 看叶片

看百叶窗的平整度与均匀度，观察各个叶片之间的缝隙是否一致，叶片两面是否存在掉色、脱色的情况或有明显的色差。

3. 看外观

如果用百叶窗作为落地窗或者隔断，一般建议使用折叠百叶窗；如果作为分隔厨房与客厅空间的小窗户，建议使用平开式百叶窗；如果是在卫生间使用用来遮光的，可选择推拉式百叶窗。

TIPS

施工小贴士

（1）暗装在窗棂格中的百叶窗，长度应与窗户高度相同，宽度要比窗户两边各小1~2cm。若百叶窗明挂在窗户外面，那么其长度应比窗户高度长约10cm，宽度比窗户两边各宽5cm左右。

（2）安装时确认每片百叶窗的叶片角度调整都没有问题，叶片表面平滑无损伤；无论是对开窗、折叠窗或推拉窗型，都要确认开合是否顺畅；若有轨道，则检视水平度及五金零件是否齐备。

三、搭配方法

方法1

百叶窗适用于卧室的大面积窗户

百叶窗可完全收起，使窗外景色一览无余。既能够透光又能够保证室内的隐私性，开合方便，很适合大面积的卧室窗户。

↑层高较低的卧室使用百叶窗能有效减少视觉压迫感

方法2

百叶窗兼顾装饰与遮阳

百叶窗叶片排列的横向线条能表现出气派与温馨的平面美，在居室中不仅可以作为遮阳阻光之用，而且还可以为现代简洁的空间带来富于变化的悦目之感。

↑局部使用百叶窗，既有实用性能也能起到装饰作用

门锁

一、了解门锁及其分类

实用家居中只要带门的空间，都需要门锁，入户门锁常用户外锁，是家里家外的分水岭；通道锁起着门拉手的作用，没有保险功能，适用于厨房、过道、客厅、餐厅及儿童房；浴室锁的特点是在里面能锁住，在门外用钥匙才能打开。

常见门锁一览表

种类		性能特点	参考价格
球形门锁		1. 把手为球形 2. 造型单一 3. 外壳多为不锈钢材质制成	8~50 元 / 个
三杆式执手锁		1. 造型简单 2. 制作工艺简单 3. 一般用于室内门锁。尤其方便儿童、年长者使用	15~300 元 / 个
插芯执手锁		1. 品相多样 2. 材质多样 3. 安全性较好 4. 常用于入户门和房间门	35~500 元 / 个
玻璃门锁	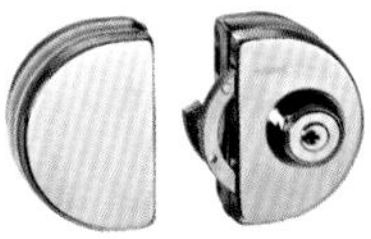	1. 不易生锈老化 2. 镜面或拉丝表面 3. 时尚感较强 4. 常用于带有玻璃的门，如卫浴门、橱窗门等	20~100 元 / 个

二、选购技巧

1. 看锁舌

一般门锁适用门厚为35~45mm，有些门锁可延长至50mm，应查看门锁的锁舌，伸出的长度不能过短。

2. 看门边框

注意门边框的宽窄，安装球形锁和执手锁的门边框不能小于90mm。

TIPS
施工小贴士

（1）应待门扇油漆干透后再安装锁具，因为有些油漆对门锁表面有破坏作用。

（2）安装门锁前先确认门的开合方向与锁具是否一致，以及确定门锁在门上的安装高度（通常门锁离地面高度约为1m）。

三、搭配方法

方法

与室内风格配套搭配门锁

门锁不仅要与门相配，也要注意与居室整体风格相符合，比如欧式风格的可以选择花样复杂的执手锁；简约风格的可以挑选颜色造型简洁的门锁。

↑黑色三杆式执手锁简单又不失个性

第六章

厨卫设备

厨卫设备在厨房及卫浴间中是最常使用的装修材料。本章节我们将学习 9 种常见厨卫设备，了解不同设备的功能特点，掌握材料的关键点。

学习要点

1. 厨房常见设备：整体橱柜、灶具、水槽、水龙头的分类及选购技巧。

2. 卫浴常见设备：洗面盆、抽水马桶、浴室柜、淋浴房、浴缸的分类及选购技巧。

整体橱柜

一、了解整体橱柜及其分类

整体橱柜是指由橱柜、电器、燃气具、厨房功能用具四位一体组成的橱柜组合，相比一般橱柜，整体橱柜的个性化程度可以更高，厂家可以根据装修者不同需求，设计出不同的成套整体厨房橱柜产物。

柜体　台面　饰件　橱柜五金配件　电器　灯具　功用配件

▲ 整体橱柜构成

常见橱柜台面一览表

种类		性能特点	参考价格
人造石台面		1. 表面光滑细腻 2. 可无缝拼接 3. 防烫能力较弱 4. 适合一般家庭装修	≥ 270 元 / 延米

续表

种类		性能特点	参考价格
石英石台面		1. 硬度较高 2. 花纹自然 3. 形式较单一 4. 适用于较高档的家居装修	≥ 350 元 / 延米
不锈钢台面		1. 抗菌能力强 2. 耐磨防潮 3. 台面转角结合处处理较差 4. 不太适用于管道多的厨房	≥ 200 元 / 延米
美耐板台面		1. 花色多 2. 易清理，不易刮花 3. 转角处会有接缝 4. 适合追求简单、干净环境的居室	≥ 200 元 / 延米

常见橱柜柜体一览表

种类		性能特点	参考价格
模压板柜体		1. 色彩丰富，木纹逼真 2. 无须封边 3. 不易开裂、变形 4. 不宜长时间接近高温物体	≥ 1200 元 / 延米
实木柜体		1. 拥有原木质感，天然环保 2. 坚固耐用 3. 需要精心养护	≥ 4000 元 / 延米
烤漆柜体		1. 色泽艳丽，易于造型 2. 抗污防水性强 3. 出现损坏较难修补 4. 适合时尚感、现代感较强的居室	≥ 2000 元 / 延米

二、选购技巧

1. 看做工

优质橱柜的封边细腻、光滑、手感好，封线平直光滑，接头精细。

2. 检查孔位

专业大厂的孔位定位基准相同，尺寸的精度有保证。手工小厂则使用排钻，甚至是手枪钻打孔。这样组合出的箱体尺寸误差较大，方体不规则，容易变形。

3. 看滑轨

注意检查抽屉滑轨是否顺畅，是否有左右松动的状况，以及抽屉缝隙是否均匀。

4. 注意尺寸精确度

大型专业化企业通过电脑输入加工尺寸，开出的板尺寸精度非常高，板边不存在崩茬现象；而手工作坊型小厂用小型手动开料锯，开出的板尺寸误差往往在1mm以上，而且经常会出现崩茬现象，致使板材基材暴露在外。

TIPS

施工小贴士

（1）壁柜的柜体既可以是墙体，也可以是夹层，但一定要做到顶部与底部水平，两侧垂直，如有误差，则高度差不大于5mm，壁柜门的底轮可以通过调试系统弥补误差。

（2）做柜体时需为轨道预留尺寸，上下轨道预留尺寸为折门8cm、推拉门10cm。

（3）柜体抽屉的位置：做三扇推拉门时应避开两门相交处；做两扇推拉门时应置于一扇门体一侧；做折叠门时抽屉距侧壁应有17cm空隙。

三、搭配方法

方法

整体橱柜使厨房变得井然有序

厨房零碎的东西较多，且需要较多的收纳空间，而整体橱柜则可以满足厨房需求。既节约空间，又可使厨房显得整齐不凌乱。

↑烤漆整体橱柜时尚又整洁

↑实木整体橱柜使厨房充满温馨感

灶具

一、了解灶具及其分类

灶具即燃气灶，选择灶具时首先要清楚自己家里所使用的气种，是天然气（代号为 T)、人工煤气（代号为 R) 还是液化石油气（代号为 Y)。由于三种气源性质上的差异，因而器具不能混用。

常见灶具一览表

种类		性能特点	参考价格
钢化玻璃灶具		1. 面板具有亮丽的色彩 2. 造型美观 3. 易清洁 4. 耐热性、稳定性较差	800~2000 元 / 台
不锈钢灶具	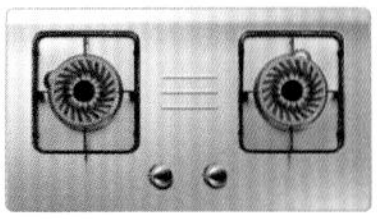	1. 耐刷洗、不易变形 2. 强度高、经久耐用 3. 颜色比较单一	600~800 元 / 台
陶瓷灶具		1. 质感独特 2. 视觉效果温和 3. 档次较低的产品色泽较差	700~900 元 / 台
铸铁灶具	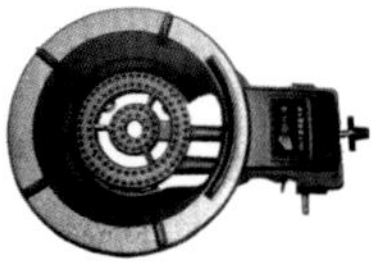	1. 吸热能力强 2. 储热性能良好 3. 节省能源	60~200 元 / 台

二、选购技巧

1. 看包装

优质燃气灶产品其外包装材料结实，说明书与合格证等附件齐全，印刷内容清晰。

2. 看外观

优质燃气灶外观美观大方，机体各处无碰撞现象，产品表面喷漆均匀平整，无起泡或脱落现象。

3. 看结构

优质燃气灶的整体结构稳定可靠，灶面光滑平整，无明显翘曲，零部件的安装牢固可靠，没有松脱现象。

4. 看火焰

通气点火时，应基本保证每次点火都可使燃气点燃起火，点火后 4s 内火焰应燃遍全部火孔。火焰燃烧时应均匀稳定呈青蓝色，无黄火、红火现象。

TIPS

施工小贴士

（1）灶具距离抽油烟机的高度一般来说应保持 65~70cm 的距离，油烟才能被吸附、不外散。

（2）连续拼接双炉或三炉具时，需要安装连接条，若炉具间以柜面间隔则不需用连接条。

（3）燃气进气口的部分要注意夹具与管具之间的安装要切实紧密，以免造成燃气外泄。

（4）灶具安装完毕后还应试烧，调整空气量使火焰稳定为青蓝色。

三、搭配方法

方法

根据厨房风格及使用需求选择灶具

厨房的灶具选择一方面可以与厨房整体橱柜相搭配，另一方面也可以根据日常使用需求选择。例如想要方便清洗的可以选择陶瓷灶具，如果追求时尚个性，则可以选择玻璃灶具。

↑陶瓷灶具与大理石台面搭配，充满现代感

↑玻璃灶具清新简单，搭配白色系厨房明净整齐

水槽

一、了解水槽及其分类

水槽是用来盛大量水并可用于洗净餐具、食物的器具。标准的水槽尺寸设计，在深度上一般在 20cm 左右为最佳，这样餐具洗涤更方便且可防止水花外溅，同时盆壁为 90° 的垂直角能加大水槽的使用面积。

常见水槽一览表

种类		性能特点	参考价格
花岗岩水槽		1. 有多种颜色可定制 2. 没有接缝 3. 较耐用 4. 吸水后易滑	880×480mm 600~2000 元
亚克力水槽		1. 色彩多样 2. 韧性好 3. 修复性好 4. 抗压能力较差	830×522mm 200~600 元
不锈钢水槽		1. 易于清洁 2. 面板薄、重量轻 3. 耐高温、耐污染 4. 易产生噪声	800×450mm 400~1500 元
陶瓷水槽		1. 手感柔和 2. 耐磨性好 3. 防潮易清洗 4. 耐化学腐蚀	800×450mm 500~2000 元

二、选购技巧

1. 注意材质

有的厂家做水槽以次充好，采用含镍少的 202、402、不锈铁，长时间使用后，此类水槽表面易被腐蚀，挂污率高且不易卫生清洁。

2. 看表面

结晶石水槽用眼睛看颜色清纯不混浊，表面光滑，用指甲划表面，无明显划痕。

3. 看深度

高档水槽的盆深在 18~24cm，一般的水槽都在 18cm 以下。

4. 看工艺

水槽工艺有焊接法和一体成型法。一般同样尺寸材料，工艺价格却差异很大。一体成型法的水槽比焊接法成本低。

TIPS
施工小贴士

（1）安装水槽时，台面留出的位置应该和水槽的体积相吻合，在订购台面时应该告知台面供应商水槽的大致尺寸，以避免返工。

（2）水龙头上的进水管一端连接到进水开关处，安装时要注意衔接处是否牢固可靠，同时还要注意冷热水管的位置，切勿左右装错。

（3）一般在水槽买到家后，工人才会根据水槽大小切割橱柜台面，放入台面后，需要在槽体和台面间安装配套的挂片。

三、搭配方法

方法

根据厨房动线摆放水槽

水槽的位置可以根据习惯行动路线而摆放，可以将水槽放在与灶具平行的台面上，也可以选择放在灶具对面的台面上。

↑水槽与灶具平行，L形动线简单利落

↑水槽置于整体橱柜对面构成岛形动线，温馨浪漫

水龙头

一、了解水龙头及其分类

水龙头是水阀的通俗称谓，是控制水流大小的开关，有节水的功效。水龙头的更新换代速度非常快，从老式铸铁工艺发展到电镀旋钮式的，又发展到不锈钢单温单控水龙头、不锈钢双温双控龙头、厨房半自动龙头。现在，越来越多的消费者在选购水龙头时，都会从材质、功能、造型等多方面来综合考虑。

常见水龙头一览表

种类		性能特点	参考价格
单联式水龙头		1. 多为螺杆升降式 2. 价格较便宜 3. 一般作为拖把池或连接洗衣机等家电的专用龙头	8~300 元 / 个
双联式水龙头		1. 同时接冷水管和热水管 2. 造型多样 3. 多用于卫浴洗面盆及有热水供应的厨房洗菜盆	30~100 元 / 个
三联式水龙头	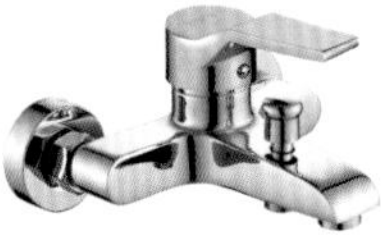	1. 易于清洁 2. 可以接淋浴喷头 3. 主要用于浴室	40~200 元 / 个
感应水龙头	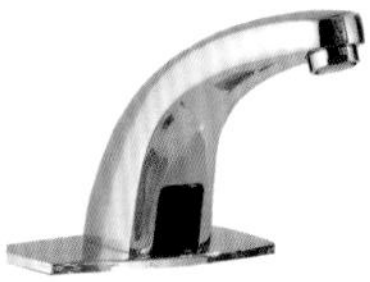	1. 智能节水、省电 2. 方便卫生 3. 维护方便	60~300 元 / 个

二、选购技巧

1. 索保证

购买时应向商家索取产品的规格数据、检测报告，留意当中数据是否符合国家质检要求。另外如果水龙头的水流速度保持约在 8.3L/min，则达到最佳的节水效果，消费者可向导购员咨询产品详细信息。

2. 看把手

优质的产品转动把手时，龙头与开关之间没有过大的间隙，并且开关轻松无阻，不打滑。

3. 看阀芯

陶瓷阀芯价格低，对水质污染较小，但质地较脆，容易破裂；金属球阀芯可以准确控制水温、节约能源；轴滚式阀芯手柄转动流畅，手感舒适轻松，耐磨损。

4. 闻气味

这是消费者较易忽略的步骤，就是应该对水龙头管口进行嗅觉鉴别，避免选购具有刺鼻气味的水龙头。

TIPS

施工小贴士

在装设水龙头时必须切实固定，并注意出水孔距与孔径，尤其是与浴缸或者水槽接合时要特别注意。不论是浴缸出水龙头还是面盆出水龙头，都要注意检查完工后是否有歪斜。若发生歪斜情况，应及时调整。

三、搭配方法

方法

个性水龙头体现细节之美

个性化的水龙头彰显了居住者独特的品位，能从细节上增加空间美感，点亮卫浴空间。

←悬挂式水龙头独特又有设计感

↓金色水龙头典雅富丽，充满情调

洗面盆

一、了解洗面盆及其分类

洗面盆是一种用来盛水洗手和脸的盆具，其材质使用最多的是陶瓷、搪瓷生铁等。随着建材技术的发展，玻璃钢、人造大理石、不锈钢等新材料洗面盆也不断出现。虽然洗面盆的种类繁多，但对其共同的要求都是表面光滑、不透水、耐腐蚀、耐冷热，易于清洗和经久耐用等。

常见洗面盆一览表

种类		性能特点	参考价格
台上盆		1. 造型多样，色彩斑斓 2. 维修更换方便 3. 可适应多种风格造型	200~400 元 / 个
台下盆		1. 易清洁 2. 对安装要求较高	120~320 元 / 个
立柱盆		1. 装饰效果较好 2. 通风性好 3. 有较好的承托力 4. 适合空间不足的卫生间使用	150~400 元 / 个
挂盆		1. 入墙式排水系统 2. 节省空间 3. 有较好的承托力	180~430 元 / 个

二、选购技巧

1. 看配件

在选购洗面盆时，要注意检查其支撑力是否稳定，内部安装的配件是否齐全。

2. 看光洁度

判定时可选择在较强光线下，从侧面仔细观察产品的表面的反光，以表面没有细小砂眼和麻点，或砂眼和麻点很少为佳。

3. 看空间

如果卫浴间面积较小，可以选择柱盆或角型面盆；如果面积较大，那么台式面盆和无沿台式面盆都比较合适。

4. 选同系列风格

在选择洗面盆时，尽量与坐便器和浴缸等保持风格一致，这样才具备整体的协调感。

TIPS

施工小贴士

（1）面盆分为上嵌或下嵌式，两种安装方式的柜面都要注意防水收边的处理工作。

（2）壁挂式面盆由于特别依赖底端的支撑点，因此施工时务必注意螺钉是否牢固，以免影响日后面盆的稳定性。

三、搭配方法

方法1

台下盆既节省空间又简洁明净

在卫浴空间有限而不得不选择较小的洗手台时，可以搭配台下洗面盆，不仅不占用空间，并且视觉上也不会显得拥挤零乱。

↑圆形台下盆精致小巧，搭配欧式椭圆镜子，更能美化卫浴空间

方法2

带有设计感的洗面盆风格特色明显

金属洗面盆时尚个性，最能体现现代风格；青瓷面盆带有中式风格的古典韵味；白釉圆面盆细腻柔和，适合简约风格、北欧风格。

↑青花图案的台上盆古典优雅

抽水马桶

一、了解抽水马桶及其分类

抽水马桶是所有洁具中使用频率最高的一个，其冲净力强，若加了纳米材质，表面还可以防污。抽水马桶的价位跨度从百元到数万元不等，主要是由设计、品牌和做工精细度决定的，可以根据家居装修档次来选择。

常见抽水马桶一览表

种类		性能特点	参考价格
连体式		1. 水箱与座体合二为一 2. 造型美观、安装简单 3. 价格相对贵一些	≥ 400 元 / 个
分体式		1. 水箱与座体分开设计 2. 所占空间较大 3. 维修简单 4. 连接缝处容易藏污垢	≥ 300 元 / 个
直冲式		1. 池壁较陡，存水面积较小 2. 冲污效率高 3. 易出现结垢现象，防臭功能较差	≥ 350 元 / 个
虹吸式		1. 冲水噪声小 2. 容易冲掉黏附在马桶表面的污物 3. 品种繁多 4. 排水管直径细，易堵塞	≥ 600 元 / 个

二、选购技巧

1. 检查漏水

在马桶水箱内滴入蓝墨水，搅匀后看坐便器出水处有无蓝色水流出，如有则说明马桶有漏水的地方。

2. 注意釉面

质量好的马桶釉面应该光洁、顺滑、无起泡。同时还应检验一下马桶的下水道，如果粗糙，以后容易造成遗挂。

3. 看排污管口径

内表面施釉的大口径排污管道不容易挂脏，排污迅速有力，能有效预防堵塞，一般能有一个手掌容量为最佳。

4. 称重量

普通马桶重量 25kg 左右，好的马桶重量在 50Kg 左右。重量大的马桶密度大，质量更佳。

TIPS

施工小贴士

（1）如果马桶买回来坑距不对，可以垫高一块地面再做导水槽及防水；亦可买个排水转换器配件连接。如果都不能解决，最好调换更新。

（2）如果需要修改马桶的排水或把现有的马桶移动位置，那么可以把地面垫高，使横向的走管有一个坡度，使污物更容易被冲走。

（3）安装马桶时要将底部十字线与地面十字线对准，安装后应在马桶底部打上一圈玻璃胶或水泥砂浆。

三、搭配方法

方法1

抽水马桶与墙面砖搭配更时尚个性

确定卫浴间整体风格后，可以局部进行设计亮点，比如在抽水马桶背靠的墙面铺贴装饰砖，既可以打造空间亮点，又能打破卫浴间单一的形象。

←黑色釉面砖过渡黑色墙面与推拉门

↓花色拼接砖与白色抽水马桶搭配，个性十足但不显凌乱

方法2

根据卫浴间面积选择抽水马桶大小

抽水马桶的色彩样式相对而言并不特别丰富，所以在选择时应更注重功能与尺寸。卫浴间面积过小时，尽量选择直径较小的马桶，以免影响人的正常行动。

↑卫浴间呈长方形时，抽水马桶的摆放位置与其他家具平行

↑卫浴间面积较大时，抽水马桶可单独摆放

浴室柜

一、了解浴室柜及其分类

浴室柜是浴室间放物品的柜子，它是卫浴收纳的好帮手，可以将卫浴中杂乱的物品进行有效收纳。基材是浴室柜的主体，它被面材所掩饰，但它是浴室柜品质和价格的决定因素。

常见浴室柜一览表

种类		性能特点	参考价格
陶瓷浴室柜		1. 易打理 2. 色泽温和 3. 容易破碎	300~1000 元 / 个
不锈钢浴室柜	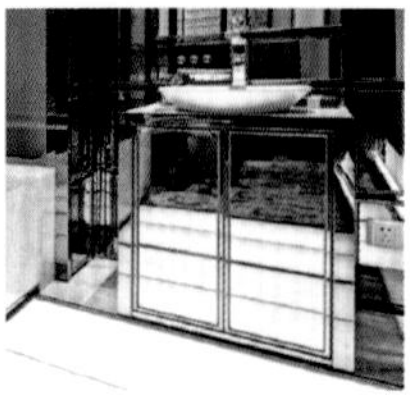	1. 防潮、防霉、防锈 2. 防水性能较好 3. 易于清理 4. 柜体单薄，实用性不强	200~600 元 / 个
PVC浴室柜		1. 色泽丰富鲜艳 2. 款式多样 3. 较易变形、褪色	180~500 元 / 个
实木浴室柜		1. 颜色天然 2. 环保自然 3. 防潮吸水 4. 需要勤加保养	500~2000 元 / 个

二、选购技巧

1. 看防潮性

购买时应了解所有的金属件是否是经过防潮处理的不锈钢，或是浴室柜专用的铝制品，以使抗湿性能得到保障。

2. 检查柜门

仔细检查浴室柜合页的开启度。若开启度达到 180°，取放物品会更加方便。合页越精确，柜门会合得越紧，就越不容易进水和灰尘。

3. 看款式

选择浴室柜时，最好选择挂墙式、柜腿较高或是带轮子的，以有效地隔离地面潮气。

4. 注意环保性

由于卫浴间空气不易流通，若浴室柜的材料释放出有害物质，会对人体造成极大的危害，因此选用的浴室柜基材必须是环保材料。在选购浴室柜时，需打开柜门和抽屉，闻闻是否有刺鼻的气味。

TIPS

施工小贴士

（1）由于安装浴室柜需要在墙上安排进水孔和排水孔，一旦安装后一般不能随意移动，所以尽量在铺地砖和墙砖前确认好浴室柜的安装位置。

（2）一般浴室柜的标准安装高度是 80~85cm，这是根据地砖到洗手盆的上部距离来计算的，具体的安装高度还要根据家庭成员的高矮和使用习惯来确定。

（3）安装时要提前确认水管的管线图和线路图，避免打破水管或电线线路，造成不必要的损失。

三、搭配方法

方法

卫浴间风格影响浴室柜款式

为了保证卫浴间整体风格协调，浴室柜的选择最好与整体风格相适应，比如中式风格卫浴间不要使用金属感强烈的浴室柜，以免显得突兀、不和谐。

←白色浴室柜与大理石搭配呈现典雅的欧式风格卫浴间

↓实木镂空雕花浴室柜充满东南亚风情

淋浴房

一、了解淋浴房及其分类

淋浴房即单独的淋浴隔间，淋浴房充分利用室内一角，用围栏将淋浴范围清晰地划分出来，形成相对独立的洗浴空间。

常见淋浴房一览表

种类		性能特点	参考价格
一字形淋浴房		1. 不占空间 2. 适合大部分空间类型 3. 造型比较单一	1300~1500 元 /m^2
直角形淋浴房		1. 可使淋浴空间最大化 2. 适合安装在角落 3. 适用于面积较宽敞的卫浴间	1350~1600 元 /m^2
五角形淋浴房		1. 外形美观 2. 可在小面积卫浴间中使用 3. 淋浴空间较小	1300~1500 元 /m^2
圆弧形淋浴房		1. 具有流线型线条 2. 门扇需要热弯 3. 价格较贵	1600~2000 元 /m^2

二、选购技巧

1. 看玻璃质量

大多数的淋浴房都是使用钢化玻璃，其厚度至少要达到 5mm，才能具有较强的抗冲击力能力，不易破碎。

2. 看胶条封闭性

淋浴房的使用是为了干湿分区，因此防水性必须要好，密封胶条密封性要好，防止渗水。

3. 看铝材的厚度

合格的淋浴房铝材厚度一般在 1.2mm 以上，走上轨吊玻璃铝材需在 1.5mm 以上。可以通过手压铝框测试铝材的硬度，对于合格的铝材，成人很难用手压使其变形。

4. 看拉杆的硬度

淋浴房的拉杆是保证无框淋浴房稳定性的重要支撑，建议不要使用可伸缩的拉杆，其强度偏弱。

TIPS

施工小贴士

（1）淋浴房的预埋孔位应在卫浴间未装修前就先设计好，已安装好供水系统和瓷砖的卫浴间最好定做淋浴房。

（2）布线漏电保护开关装置等应该在淋浴房安装前考虑好，以免返工。

（3）敞开型淋浴房必须用膨胀螺栓与非空心墙固定。排水后，底盆内存水量不大于 500g。

（4）淋浴房安装后，拉门和移门应相互平行或垂直，移门要开闭流畅。

三、搭配方法

方法1

淋浴房实现卫浴“干湿分区”

若想区分卫、浴两功能，可以使用淋浴房进行分隔，克服干湿混乱而造成的空间使用缺陷，以便更加美观，更容易清理。

←玻璃淋浴门简单清爽地分隔淋浴区

↓浴缸与淋浴房结合，带来双重功能享受

方法2

根据空间合理设计淋浴房

淋浴房的外形视卫浴间面积、形状而定，一般长方形卫浴间可以选择一字型淋浴房；正方形卫浴间则可以选择直角形或圆弧形淋浴房。

↑圆弧形淋浴房既节约空间又不失美观

↑五角形淋浴房充分利用卫浴间角落

浴缸

一、了解浴缸及其分类

浴缸一般供沐浴或淋浴之用，通常装置在家居浴室内。在挑选浴缸尺寸时，可以根据浴室的空间大小、卫浴洁具的风格等来决定；有老人和孩子的家庭，可以考虑边位较低的浴缸，以方便使用。

常见浴缸一览表

种类		性能特点	参考价格
亚克力浴缸		1. 造型丰富 2. 表面光洁度好 3. 耐高温能力差	1200~1500 元 / 个
铸铁浴缸	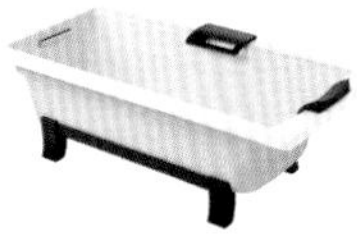	1. 表面覆搪瓷，重量大 2. 不易产生噪声 3. 经久耐用，便于清洁 4. 价格略高，运输困难	2300~3800 元 / 个
按摩浴缸	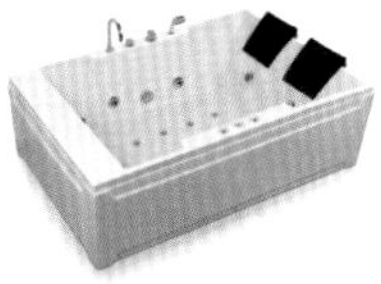	1. 水流按摩，舒缓疲劳 2. 造型独特 3. 避免使用有机溶剂擦拭	5000~8000 元 / 个
实木浴缸	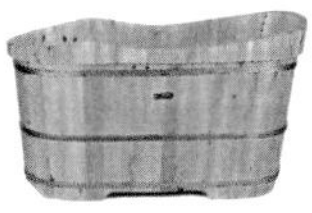	1. 保温性强 2. 缸体较深 3. 需经常保养维护，否则极易变形漏水	2800~4000 元 / 个

二、选购技巧

1. 看深度

出水口的高度决定水容量的高度，一般满水容量在230~320L，入浴时水要没肩。若卫生间长度不足时应选取宽度较大或深度较深的浴缸，以保证浴缸有充足的水量。

2. 注意裙边方向

对于单面有裙边的浴缸，购买时要注意下水口、墙面的位置，还需注意裙边的方向。

TIPS

施工小贴士

（1）浴缸装设时要考虑边墙的支撑度，若支撑度不够，则会使墙面产生裂缝，进而渗水。

（2）浴缸安装后需固矽胶固化24h，在这段时间内不要使用浴缸，以避免发生渗水情况。

三、搭配方法

方法

坐浴浴缸解决小空间难题

由于浴缸体积较大，很多家庭卫浴间很难独立摆放，因此可以选择坐浴浴缸，既不占用空间又能享受沐浴之乐。

←线条流畅的小巧型浴缸，既实用又节约卫浴空间

第七章

新型材料

随着科技的不断发展以及人们对环保意识的不断增强，新型的装修材料随之而出现，它们大多非常环保，有的还能吸附甲醛，帮助排除装修产生的污染性气体。但此类材料施工技术通常不是很成熟，价格也比较高。

学习要点

1. 常见新型板材：风化板、椰壳板、木丝吸音板、碳化木的分类及选购技巧。
2. 常见新型砖材：金属砖、木纹砖的分类及选购技巧。
3. 常见新型涂料壁纸：仿岩涂料、硅藻泥、液体壁纸、植绒壁纸的分类及选购技巧。

风化板

一、了解风化板及其分类

风化板是利用机器滚轮装的钢刷将木板中比较软的部分去掉，使其表面呈现仿风化的斑驳、纹理凹凸感，具有粗犷的原始效果。

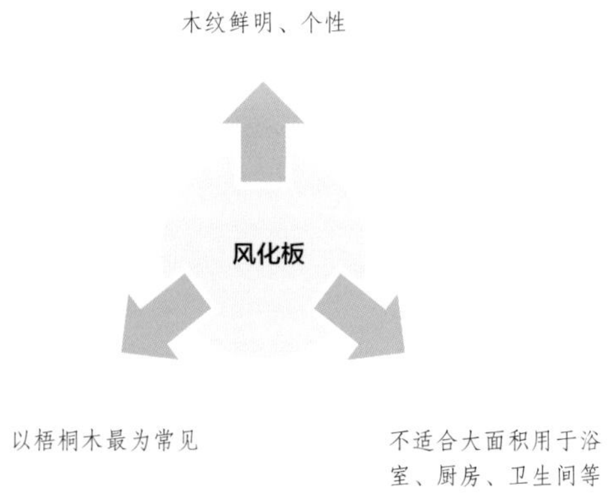

▲ 风化板材料特点

现在市面上的风化板多以梧桐木为原料，它重量轻、色泽浅，能够牢固地贴覆在壁面或者家具柜体上，洗白或喷涂特殊色的效果也良好。风化板怕潮湿，一般用于家具、门、门窗套、墙面部位的饰面装饰。

二、选购技巧

1. 看纹理

风化板的纹理经过钢刷的处理，凹凸纹理要更为明显一些，线条更为明确。

2. 看合格文件

应购买有明确厂址、商标的产品，并向商家索取检测报告和质量检验合格证等文件。

3. 闻气味

如果材料带有强烈刺激性气味，则说明其环保性能较差，对身体有害，应选择刺激性气味小的产品。

4. 看漆面

部分产品会预涂油漆，应注意观察油漆的厚度与渗透深度，油漆涂层过薄则需要施工时再次涂装。

TIPS
施工小贴士

风化板表面通常经过钢刷处理，凹凸纹理的效果取决于树种，而并不是刷的次数越多就越具效果。对质地更为坚硬一些的橡木、柚木等树种，还可以采用喷砂磨除的方式，能够局部加强纹理深浅的差异，但是价格要比涂刷的方式贵 3 倍左右。

三、搭配方法

方法1

风化板家具为空间增添古朴气息

如果想令空间更具古朴气息，可直接购买风化板家具，其本身带着历史与自然的痕迹，能令空间更具天然气息。

↑风化板茶几打造地中海风格客厅的自然感

方法2

风化板墙饰装饰效果突出

风化板表面呈现出风化般的斑驳以及凹凸的纹理感，作为空间墙面的饰面装饰，十分个性，能给空间创造原始自然感。

↑风化板墙饰效果出众，能使居室法式乡村味道更加浓厚

椰壳板

一、了解椰壳板及其分类

椰壳板是一种新型环保建材，是以高品质的椰壳、贝壳为基材，纯手工制作而成，非常耐磨，但又有自然美丽的弧度。

图案自然　耐磨损　硬度高　吸音效果好　防潮防蛀　适合东南亚风格的居室

椰壳板材料特点

椰壳板属于天然材料，多半为咖啡色，生产时会将椰壳进行不同的工艺处理，其成品通常分为普通椰壳、洗白椰壳和黑亮椰壳。椰壳每小片之间都会存在一定的差异，如纹路不同、厚薄不同、色泽深浅不一等。但经过纯手工加工之后，椰壳板的成品质量与外观并不受椰壳间的差异影响，这些个体差异反而更能体现出它的天然之美。

二、选购技巧

1. 看边线

经过整修打磨过后，椰壳的边线应整齐且平滑，厚度约 1cm 左右。

2. 看颜色

椰壳板色彩一般是椰壳原有的棕色，或通过洗白技术产生的白色两种。因为椰壳不易吃色，如果出现其他颜色则可能涂抹了大量油漆。

3. 注意拼接工艺

由于椰壳板每一片都是由人工贴合上去的，所以会有不同的排贴纹理，并且每片间会有凹凸不平的接缝。

TIPS

施工小贴士

（1）可以根据地理环境的特点，适当地涂刷透明保护漆，以避免板材长期与空气接触，因温度和湿度的变化而导致氧化，出现色泽的变化。

（2）可以选择用木皮染色的做法，不仅能够加深板材本身的色泽，还可以将天然的细孔堵住，避免发霉，延长使用寿命。

三、搭配方法

方法

椰壳板拼接展现东南亚风情

椰壳板具有无穷的组合方式，它能将设计的造型和灵感表现得淋漓尽致，尽情展现出其独特的艺术魅力和个性气质，是东南亚风格的首选装饰材料。

↑黑亮椰壳板家具古朴低调

↑客厅使用椰壳板墙饰，风格感呼之欲出

木丝吸音板

一、了解木丝吸音板及其分类

木丝吸音板以白杨木纤维为原料，结合独特的无机硬水泥黏合剂，采用连续操作工艺，在高温、高压条件下制成。外观独特、吸音良好，独具表面丝状纹理。木丝吸音板可分为纯木丝吸音板、菱镁木丝吸音板等。

1. 纯木丝吸音板

纯木丝吸音板吸音效果良好，材质上使用木材更加环保节约，质地也较轻。

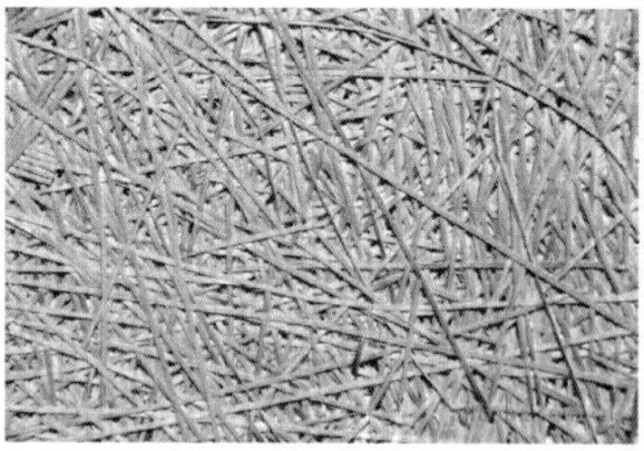

↑纯木丝吸音板

2. 菱镁木丝吸音板

菱镁木丝吸音板结构结实，富有弹力，在安装上也简单易切割。具有很强的隔热保温性能，经济耐用，使用寿命长。

↑菱镁木丝吸音板

二、选购技巧

1. 选择正规厂家

在选购时应特别注意商家的资质、信用或者商誉，尽可能选择大品牌厂家，避免上当受骗，买到劣质产品。

2. 看防火性

如果安装吸音板的墙体需要耐高温的话，像厨房、车库等地方，最好选择防火等级 B1 以上的吸音板，消除安全隐患。

3. 比较厚度和重量

有些商家为了提高吸音板的隔音效果，不计后果地将吸音板加厚、加重。这样做会出现隔音效率变差、安装困难等问题。

TIPS

施工小贴士

（1）注意不要在潮湿基面施工，因为在潮湿或不干净的情况下，极容易产生细菌，导致墙体发霉等情况。

（2）在有龙骨的情况下，从木丝吸音板的侧面 20mm 厚度处斜角钉入普通的不锈钢钉子，而龙骨上一般采用的是神枪钉。

（3）如果墙面没有龙骨，可以用玻璃胶或其他胶水直接将木丝吸音板黏结，也可以在边角用神枪钉固定。

碳化木

一、了解碳化木及其分类

碳化木是经过表面碳化或是深度处理的木材。它可以有效地防止微生物的侵蚀，同时也防水、防腐，可以经受比较恶劣的环境，不用费心打理。

1. 表面碳化木

表面碳化木是用氧焊枪烧烤，使木材表面具有一层很薄的炭化层，表面木纹凸显，产生立体效果。

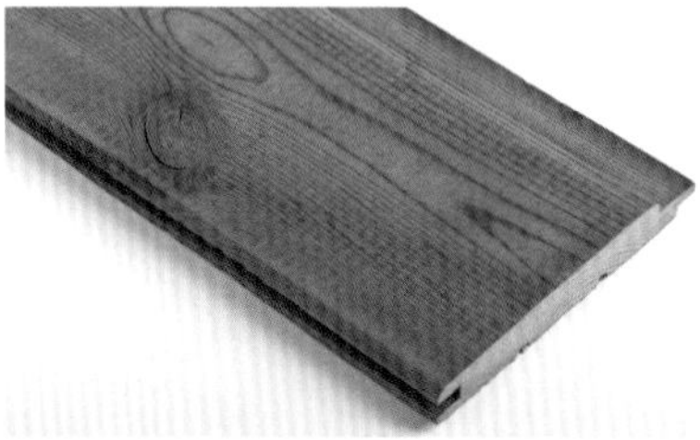

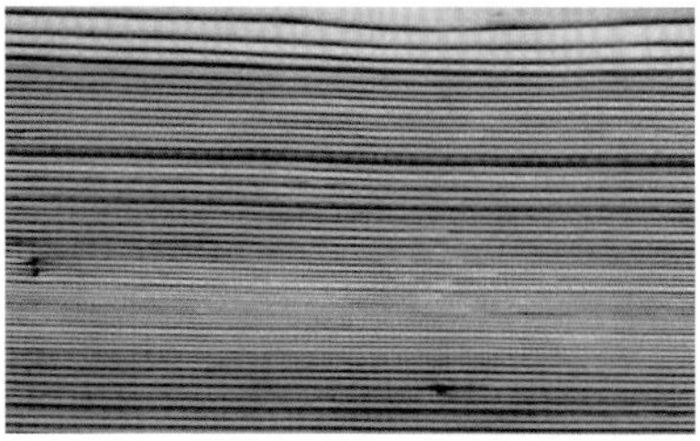

↑表面碳化木

2. 深度碳化木

深度碳化木是经过 200℃左右的高温炭化技术处理的木材，由于其营养成分被破坏，使其具有较好的防腐防虫功能，并且不含任何有害物质。

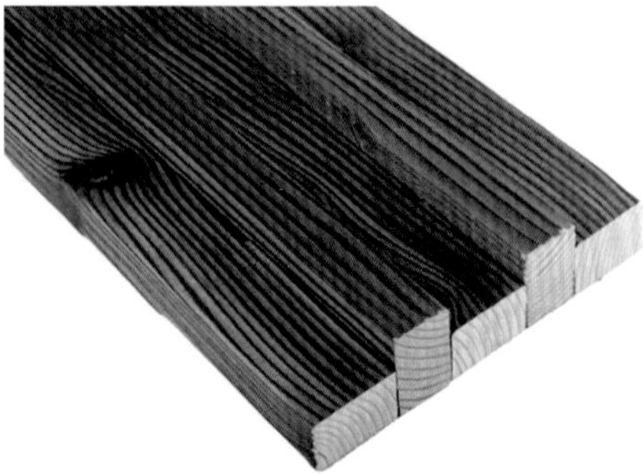

↑深度碳化木

二、选购技巧

1. 看木材

不同基础的碳化木价格与风格效果也会有差异，当下表层碳化木的原材多为美国花旗松，深度碳化木多为樟子松。

2. 测厚度

在购买碳化木时应尽量自己佩带计算器与卷尺，以防不法商贩在尺寸上做手脚，买到厚度不足的碳化木。

3. 看木油

合格碳化木都有与之配套的木油，因为碳化木在施工完毕后为了增加木材抗紫外线性能必须刷木油。

4. 找专业厂家

正规防腐木厂家生产的合格碳化木在产品上均有防伪标识，可以打电话与厂家核对产品上的编码。

TIPS

施工小贴士

由于碳化木是在高温的环境下处理的，随着时间的增长，表面易发生腐朽，呈褐色或黑褐色。同时，碳化木虽然防水性能好，但吸收自由水的能力很强。为了减缓这些现象，最好每隔 3 年左右就在碳化木的表面涂饰保护油漆。

三、搭配方法

方法1

碳化木令卧室充满大自然的朴素气息

碳化木古朴的色调和自然的纹理能令人远离城市的喧闹，如同置身于原始森林中般舒畅自然，非常适合用于卧室空间中。

↑浅色碳化木给卧室带来粗犷的野性美

方法2

碳化木点缀阳台空间

碳化木不仅功能实用，其装饰效果也非常出众，在地面铺设碳化木板，能营造出浓浓的悠闲感，给人全身心的放松。

↑碳化木拼接阳台地面，创造度假般的悠闲氛围

金属砖

一、了解金属砖及其分类

金属砖，是在坯体上施加金属釉后再经过高温烧制而成的一种新型瓷砖。釉面一次烧成强度高，耐磨性好，颜色稳定、亮丽，给人以强烈视觉冲击感。

常见金属砖一览表

种类		性能特点	参考价格
不锈钢砖		1. 具有金属质感和光泽 2. 多为银色、铜色、香槟色或黑色 3. 强度高 4. 不宜大面积使用	500~800 元 /m^2
仿锈金属砖		1. 仿金属锈斑效果 2. 常见黑色、红色和灰色底 3. 价格实惠 4. 纹理清晰，手感舒适	500~700 元 /m^2
花纹金属砖		1. 表面有立体感花纹 2. 装饰效果强 3. 常见香槟色、银色与白金色 4. 质地坚韧、网纹淳朴	800~1000 元 /m^2
立体金属砖		1. 立体金属板效果 2. 表面有凹凸立体花纹 3. 效果真实 4. 可替代全金属砖	≥ 1000 元 /m^2

二、选购技巧

1. 听声音

夹住金属砖一角，轻轻垂下，用手指轻击砖体中下部，如声音清亮悦耳则为上品；如声音沉闷混浊则为下品。

2. 看表面

品质好的金属砖无凹凸、鼓突、翘角等缺陷，边直面平，边长误差不超过0.3cm，厚薄误差不超过0.1cm。

3. 试拼

将几块金属砖拼放在一起，在光线下仔细查看，好的产品色调基本一致。而差的产品色调深浅不一。

4. 检查硬度

以残片棱角互相划痕，是硬、脆还是较软；有否留下划痕还是散落粉末。如为前者，该陶瓷砖即为上品，后者即下品。

TIPS

施工小贴士

（1）贴铺前清理好地面，保证在一个水平面，拉接好横纵定位线，将金属砖浸泡1h左右。

（2）用木锤轻敲，按平地砖，要避免空鼓，并可根据地砖规格大小留3~8mm缝隙。

（3）铺贴后宜用水泥填缝，并把地砖表面清理干净。

三、搭配方法

方法1 金属砖打造前卫时尚空间

金属砖可以彰显现代风格的前卫感，在不同的光线折射下呈现出不同的色泽，视觉清晰度高，非常个性、独特。

↑卫浴间墙面整体铺贴金属砖，冷峻又有个性

方法2 金属砖易于提升空间设计质感

打破在地面铺设一种瓷砖的传统，使用金属砖搭配普通瓷砖，能丰富空间层次，突出现代质感，提升空间品质。

→仿锈金属砖与白色地砖搭配，突出客厅的质感

木纹砖

一、了解木纹砖及其分类

木纹砖是指表面具有天然木材纹理图案的装饰效果的陶瓷砖，分为釉面砖和劈开砖两种。木纹砖的纹路逼真、自然朴实，相较于木地板拥有不褪色、耐磨、易保养等优点。

常见木纹砖一览表

种类		性能特点	参考价格
白木纹砖	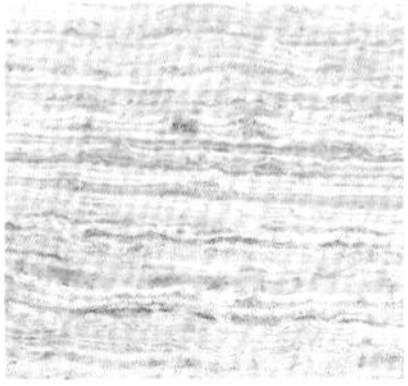	1. 砖面纹理呈白色 2. 仿天然木纹效果 3. 色调淡雅 4. 常用于客厅、餐厅或厨房	140~270 元 /m^2
红木纹砖		1. 仿红木样式古朴自然 2. 耐划耐脏 3. 适合用在卧室	160~350 元 /m^2
法国木纹灰		1. 质地坚固 2. 档次较高 3. 灰色底色，纹路平直 4. 适合用于中高档客餐厅空间	≥ 800 元 /m^2
意大利木纹砖	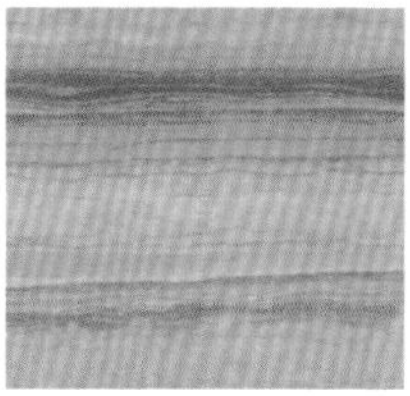	1. 表面纹理较粗 2. 适合用在墙面处作为装饰	≥ 800 元 /m^2

二、选购技巧

1. 看纹理

木纹砖的纹理重复越少越好。木纹砖是仿照实木纹理制成的，想要铺贴效果接近实木地板，则需要选择纹理重复少的才会显得真实。

2. 测手感

选购木纹砖不仅要用眼睛看，还需要用手触摸来感受面层的真实感。高端木纹砖表面有原木的凹凸质感，年轮、木眼等纹理细节刻画得入木三分。

3. 试排

木纹砖与地板一样，单块的色彩和纹理并不能够保证与大面积铺贴完全一致，因此在选购时，可以先远距离观看产品有多少面是不重复的、近距离观察设计面是否独特，而后将选定的产品大面积摆放一下感受铺贴效果是否符合预想的效果，再进行购买。

TIPS

施工小贴士

（1）房间面积小于 $15m^2$ 时，建议由 600mm×600mm 的砖加工成 150mm×600mm 的砖；面积大于 $15m^2$ 时，建议由 600mm×600mm 的砖加工成 200mm×600mm 的砖。

（2）铺贴过程中，木纹砖的缝隙一般都在 3mm 左右。深色木纹砖用浅灰色或者白色（白色不耐脏）填缝剂，浅色的木纹砖用咖啡色的填缝剂较好。

三、搭配方法

方法1

木纹砖能够营造典雅格调的空间氛围

一些喜欢典雅格调却又没有太多时间打理居室的家庭可以选择木纹砖替代木地板，它既有木地板的大气和舒适感，又比木地板更容易打理，并拥有多变的拼贴方式。

→特殊拼贴方式使地面成为空间亮点

方法2

釉面木纹砖体现空间线条美感

釉面木纹砖保留了原始木头纹路，从而展现了理性化的空间美感，尤其是大面积的铺设，更有强烈艺术效果。

↑简单素净的白色木纹地砖凸显新中式风格的优雅别致

仿岩涂料

一、了解仿岩涂料及其分类

仿岩涂料是仿照岩石表面质感的涂料品种，是一种水性环保涂料。强度较高、不易脱落、耐冲击、耐磨损，减少了水和化学品的使用，尽量降低了涂料对环境的污染。

常见仿岩涂料一览表

种类		性能特点	参考价格
灰墁涂料		1. 具有丰富的肌理 2. 古朴的质感 3. 颗粒中等，有天然的韵味 4. 拥有厚浆型质感的涂料	40 元 /m^2
仿花岗岩涂料		1. 能直接地体现花岗岩的纹理效果与质感 2. 颗粒最粗 3. 不易因紫外线照射而变色	50 元 /m^2
撒哈拉涂料		1. 颗粒较细 2. 可选择的色彩较多 3. 可应用滚花、擦色、质感效果上色 4. 使用方法简单	50 元 /m^2

二、选购技巧

1. 看包装

购买时要选择正规厂家或知名品牌。正规产品包装应足量，用力晃动包装无空洞感。

2. 看外观

打开包装后，涂料颜色应纯正，质地较黏稠；应当无结块，黏稠度应当均匀。

3. 看粒子度

取清水半杯，加入少许涂料搅拌，若杯中水清晰见底，粒子不会混合在一起的即为优质品。若杯中水浑浊不清，颗粒大小呈现分化，则证明产品质量较差。

TIPS
施工小贴士

仿岩涂料的面漆有不同的材质，亚克力耐久性为 3~5 年，聚氨酯耐久性为 5~7 年，矽利康耐久性为 7~10 年，氟树脂耐久性为 10~15 年，无机涂料的耐久性为 25~30 年。如果气候变化比较大或者在日照比较强烈的地区，建议选择耐久性强的面漆。

三、搭配方法

方法1

灰墁涂料使空间更有粗犷豪迈之感

灰墁涂料搭配陶瓷或大理石家具，硬朗气氛之下却又不显得冷漠，仿岩涂料颗粒的质感更有原始粗犷之感。

↑灰墁涂料与白色浴缸形成鲜明对比，使卫浴间更具有特色

方法2

仿岩涂料令居室充满天然随性的气息

仿岩涂料古朴、温和，其沉稳效果带来不经雕琢的随意，令居室表现出鲜明的个性。

→随性的棕灰色仿岩涂料展现出原始硬朗的工业感

硅藻泥

一、了解硅藻泥及其分类

硅藻泥是一种以硅藻土为主要原材料的内墙环保装饰壁材。其具有消除甲醛、净化空气、调节湿度、防火阻燃、杀菌除臭等功能。

常见硅藻泥一览表

种类		性能特点	参考价格
原色泥		1. 颗粒最大 2. 吸湿量较大	230~500 元 /m^2
金粉泥		1. 颗粒较大 2. 添加金粉 3. 效果较奢华	380~540 元 /m^2
稻草泥	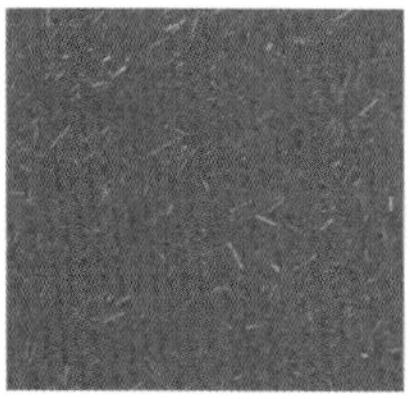	1. 添加稻草 2. 具有较强的自然气息	160~220 元 /m^2
吸水泥		1. 中等颗粒 2. 吸湿量中等 3. 可搭配防水剂使用	220~380 元 /m^2

续表

种类		性能特点	参考价格
膏状泥		1. 颗粒较小 2. 吸湿量较低 3. 用于墙面装饰中不太明显	190~420 元 /m^2

二、选购技巧

1. 测试吸水率

购买时要求商家提供硅藻泥样板，现场进行吸水率测试，若吸水量又快又多，则证明产品孔质完好；若吸水率低，则表示孔隙堵塞，或是硅藻土含量偏低。

2. 检测表面强度

用手轻触硅藻泥，如有粉末黏附，表示产品表面强度不够坚固，日后使用容易磨损。

3. 闻气味

点燃样品，若冒出气味呛鼻的白烟，则可能是以合成树脂作为硅藻土的固化剂，遇火灾发生时，容易产生毒性气体。

TIPS

施工小贴士

（1）硅藻泥属于天然材料，表面不能涂刷保护漆，且硅藻泥本身比较轻，耐重力不足，容易磨损，所以不宜用作地面装饰。

（2）由于没有保护层，所以硅藻泥不耐脏，用于墙面时，建议不要低于踢脚线的位置，最好用于墙面的上部分及吊顶处，这样不容易弄脏。

三、搭配方法

方法

利用空间造型搭配硅藻泥装饰

硅藻泥在空间的使用上，更多的是以装饰效果为主，涂刷于局部墙面用于搭配不同造型，可令墙面更具层次感。

←凹凸感背景墙立体而随性

↓粉色硅藻泥与地砖搭配，统一又不失自然之味

液体壁纸

一、了解液体壁纸及其分类

液体壁纸是一种新型艺术涂料，也称壁纸漆和墙艺涂料，是集壁纸和乳胶漆特点于一身的环保水性涂料。它无毒无味、绿色环保、有极强的耐水性和耐酸碱性、不褪色、不起皮、不开裂，使用年限在 15 年以上。

常见液体壁纸一览表

种类		性能特点	参考价格
浮雕	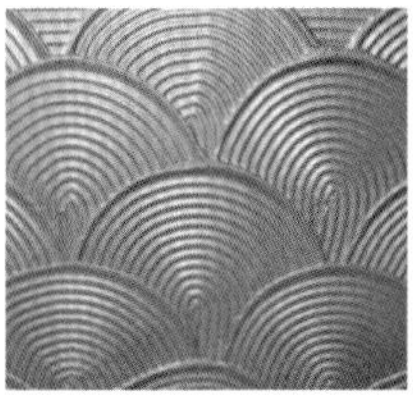	1. 具有浮雕特性 2. 自然的浮雕效果，无需其他辅助措施 3. 施工速度最快	90~180 元 /m^2
立体印花		1. 具有高亮立体效果 2. 鲜艳夺目 3. 具有特殊的美观效果	100~220 元 /m^2
肌理		1. 其中添加了稻草 2. 具有较强的自然气息 3. 颗粒细致，质地偏软	60~180 元 /m^2
感光变色		1. 能随温度变化，改变漆膜颜色 2. 遵循低温有色，高温浅色或无色的变色原则	100~400 元 /m^2

二、选购技巧

1. 看黏稠度

搅拌均匀后，无杂质及微粒，漆质细腻柔滑。质地稠密，不应过稀或过稠。

2. 看液体

存放期间不出现沉淀、凝絮、腐坏等现象。

3. 闻气味

液态壁纸没有刺激性气味或油性气味，有些壁纸会有淡淡的香味，属于后期添加的香料，与品质无关。

4. 看光泽度

品质好的液体壁纸应有珠光亮丽色彩及金属折光效果，以保证图案的生动性。部分特殊色彩还应有幻彩效果，在不同角度产生不同色彩。质量差的液体壁纸仅有折光效果而没有珠光效果，甚至连折光效果都没有。

TIPS

施工小贴士

（1）液体壁纸漆料中约含 20%~50% 的水，当运输和储存的温度低于 0℃时，往往会被冻坏。

（2）液体壁纸漆料中，既有水，又有有机物，很容易被细菌污染。为了防止变质，要加防腐剂。

三、搭配方法

方法1

立体印花壁纸栩栩如生

装饰墙图案的液体壁纸花朵高亮立体、色彩淡雅，光线照射时会有折射，可以增加居室的立体感。

↑床头背景墙使用印花壁纸，装饰效果突出

方法2

肌理液体壁纸效果逼真

使用肌理壁纸可逼真展现传统墙面装饰材料的布格、皮革、木质表面、金属表面等肌理效果，既美观又使用简单。

→灰色液体壁纸重现木纹效果，低调却又独特

植绒壁纸

一、了解植绒壁纸及其分类

植绒壁纸是用静电植绒法将合成纤维短绒黏结在纸基上而成。其特点是有明显的丝绒质感和手感，不反光，具吸音性，无异味，不易褪色。

质地较脆　价格实惠　便于加工裁切

表面花形丰富　防火防潮　隔音保温

▲
植绒壁纸材料特点

植绒壁纸质感清晰、柔软细腻、密度均匀、牢固稳定且环保。既有植绒布所具有的美感和极佳的消声、防火、耐磨特性，又具有一般装饰壁纸所具有的容易粘贴的特点。植绒壁纸相较 PVC 壁纸有着不易打理的特性，一旦沾染污渍将很难清洗，如果处理不当，则会对壁纸造成无法恢复的损坏。

二、选购技巧

1. 检查含绒量

含绒量是判定植绒壁纸质量优劣的重要指标，在购买之前可以先通过各种渠道了解这一标准信息后，再一一比对进行购买。

2. 检查是否使用发泡剂

使用发泡剂的墙纸表面仔细看上去没有真正的绒面。

3. 选择正规品牌

大型厂家的生产设施比较有保证，尤其是植绒墙纸在生产过程中需要进行静电植绒技术，而一些无名厂家或小作坊大多是使用发泡剂进行生产的。

TIPS
施工小贴士

（1）撕壁纸时，先掀开某一个接缝处或角落，把 PVC 层剥离出来，然后慢慢撕开一点，再逐渐扩大撕开的范围，直到把墙面上所有壁纸的表层都撕下来。

（2）去除壁纸底层时可以用滚筒把墙面刷一遍水，过 1h 左右，会有很多纸直接从墙面上掉下来，没掉的纸可以用手轻轻撕下来。

三、搭配方法

方法

立体的绒面印花效果为卧室带来层次感

植绒壁纸的立体感比其他任何壁纸都要出色，绒面带来的图案令卧室更具独特气质，这种立体的材质同时还能增强壁纸的质感，营造特殊视觉效果。

↑花朵植绒壁纸搭配金色装饰镜，优雅精致

↑栩栩如生的飞鸟壁纸装点温柔而优雅的客厅设计